基礎講義 遺伝子工学 II

アクティブラーニングにも対応

深見希代子・山岸明彦 編

東京化学同人

序

　遺伝子を基盤とする分子生物学は，1953年のワトソン・クリックのDNA二重らせんの発見を端緒として大きく発展してきたが，そのちょうど50年後の2003年にヒトのゲノム解読の終了によりさらに大きな展開を迎えることになった．現在，ゲノムのメチル化などのエピジェネティック解析，メタゲノムの網羅的な解析をはじめ，遺伝子とその産物であるタンパク質の機能解析が疾患治療，創薬，組換え植物の作出などを目的としてさまざまな分野で盛んに行われている．これらを可能にしてきたのはテクノロジーである遺伝子工学の進展である．特に次世代シークエンサーやゲノム編集の登場は技術の革新をもたらした．ゲノムの網羅的な解析には，次世代シークエンサーで遺伝子配列の解読速度が飛躍的に上がったこととその処理能力の向上が大きく寄与している．また，遺伝子の切り貼りを格段に簡便にしたゲノム編集技術により，遺伝子改変の精度とスピードは驚異的に向上した．遺伝子工学の技術の理解は医学，薬学，農学，工学など生命科学関連分野を学ぶものにとって今後ますます重要になるだろう．

　遺伝子工学IIは，昨年発行された遺伝子工学Iの姉妹版である．遺伝子工学Iが，基盤的なテクノロジーに焦点を当てているのに対して，遺伝子工学IIではこうした知識を基に，生物系の研究室で汎用されている実践的，応用的な項目を解説した．またゲノム編集など，近年注目されている技術も盛り込んでいる．現在遺伝子工学の技術は多岐にわたり，すべてを記載できない点はご容赦願いたい．

　本書は，遺伝子工学Iと同様，理系学部2〜4年生を対象とした教科書を想定している．したがって個々の技術がどういうことを解析目的にしているかを把握し，原理や方法の概略をつかみ，それぞれの実験方法がどのように関連しているかを理解してもらうことに重点を置いている．また本書の特徴として，最近注目されている講義形態であるアクティブラーニング（リバースラーニング）にも対応している点があげられる．講義ビデオを提供しているので（東京化学同人のホームページから閲覧できる），学生があらかじめビデオを見ておくことで，授業では演習を中心とした自主学習が可能とな

る．近年アクティブラーニングは知識の定着率が高いことが証明されつつあるのでぜひ活用していただきたい．もちろん通常の講義に用いることも可能である．

最後に本書の刊行にあたり，多大な貢献をしていただいた東京化学同人の井野未央子氏に心よりお礼を申し上げたい．解りやすい図の作成と専門家と思うような突っ込んだ丁寧な校正にご尽力いただいた．また執筆者の方々，出版に関わっていただいた多くの方々にも感謝する．

2018年8月

編者を代表して
深 見 希 代 子

本書付属の講義ビデオは東京化学同人ホームページ (http://www.tkd-pbl.com/) より閲覧できます．閲覧方法については巻末 p.179 をご覧ください．講義ビデオのダウンロードは購入者本人に限ります．

執 筆 者

浅野 謙一　東京薬科大学生命科学部 准教授, 博士(医学)
伊東 史子　東京薬科大学生命科学部 准教授, Ph.D.
中村 由和　東京薬科大学生命科学部 准教授, 博士(薬学)
野口 　航　東京薬科大学生命科学部 教授, 博士(理学)
原田 浩徳　東京薬科大学生命科学部 教授, 博士(医学)
深見 希代子　東京薬科大学生命科学部 教授, 医学博士

(五十音順)

目　次

1. 遺伝子工学実践編　概論 ……………………………… 深見希代子… 1
1・1　遺伝子とゲノム …………………………………………………… 1
1・2　網羅的遺伝子解析法 ……………………………………………… 2
1・3　標的遺伝子解析法 ………………………………………………… 4
1・4　*in silico* 解析，*in vitro* 解析，*in vivo* 解析 ………………………… 5
1・5　培養細胞の選定 …………………………………………………… 6
1・6　モデル実験動物の選定 …………………………………………… 6

2. ゲノム DNA 解析，mRNA 解析 ……………………… 深見希代子… 9
2・1　ハイブリダイゼーション ………………………………………… 9
2・2　おもなゲノム DNA 解析，mRNA 解析法の特徴の比較 ……… 10
2・3　サザンブロット法，ノーザンブロット法 ……………………… 11
2・4　*in situ* ハイブリダイゼーション ………………………………… 15
2・5　定量的 RT–PCR …………………………………………………… 18

3. 転写制御解析 …………………………………………… 深見希代子… 22
3・1　レポーターアッセイ ……………………………………………… 22
3・2　ゲルシフトアッセイ ……………………………………………… 25
3・3　クロマチン免疫沈降法 …………………………………………… 27

4. RNAi による遺伝子発現抑制 ………………………… 中村由和… 29
4・1　RNA 干渉（RNAi）………………………………………………… 29
4・2　RNAi 実験における注意点とその対応策 ……………………… 32
4・3　RNAi の実験例とその解釈 ……………………………………… 34

5. 遺伝子導入とタンパク質の発現 ……………………… 深見希代子 … **36**
- 5・1 タンパク質発現法の比較 …………………………………………… 36
- 5・2 大腸菌でのタンパク質発現法 ……………………………………… 37
- 5・3 昆虫細胞でのタンパク質発現法 …………………………………… 41
- 5・4 哺乳動物細胞でのタンパク質発現法 ……………………………… 42

6. タンパク質検出法と機能解析（1） ………………… 深見希代子 … **50**
- 6・1 抗原抗体反応 ………………………………………………………… 51
- 6・2 ELISA法 ……………………………………………………………… 52
- 6・3 サンドイッチ法 ……………………………………………………… 54
- 6・4 ウェスタンブロット法 ……………………………………………… 55

7. タンパク質検出法と機能解析（2） ………………… 中村由和 … **58**
- 7・1 細胞染色法 …………………………………………………………… 58
- 7・2 免疫組織化学染色法 ………………………………………………… 61
- 7・3 フローサイトメトリー ……………………………………………… 64
- 7・4 標的タンパク質の検出における注意点とその対応策 …………… 66

8. 部位特異的変異の導入とその応用 …………………… 浅野謙一 … **68**
- 8・1 PCRを用いた部位特異的変異導入 ………………………………… 68
- 8・2 部位特異的変異導入の応用例 ……………………………………… 69

9. タンパク質間結合の解析法 …………………………… 中村由和 … **75**
- 9・1 酵母ツーハイブリッド法 …………………………………………… 75
- 9・2 プルダウン法 ………………………………………………………… 77
- 9・3 免疫沈降法 …………………………………………………………… 80
- 9・4 FRET（蛍光共鳴エネルギー移動）法 …………………………… 82

10. 遺伝子発現の網羅的解析法 …………………………… 浅野謙一 … **86**
- 10・1 DNAマイクロアレイ ……………………………………………… 86
- 10・2 DNAマイクロアレイの原理と手法 ……………………………… 88
- 10・3 データ解析 ………………………………………………………… 89

11. 次世代シークエンサーを用いた網羅的遺伝子解析 ……… 原田浩徳 … **94**
- 11・1 ゲノムプロジェクト ……………………………………………… 94
- 11・2 次世代シークエンサーの原理 …………………………………… 95
- 11・3 次世代シークエンス解析 ………………………………………… 103
- 11・4 次世代シークエンサーの臨床応用 ……………………………… 105

12. マウス個体を用いた遺伝子操作 ……………………… 伊東史子… **108**
- 12・1 実験動物としてのマウスの利便性と逆遺伝学 …………………………… 108
- 12・2 トランスジェニックマウス ……………………………………………… 109
- 12・3 ノックアウトマウス ……………………………………………………… 111
- 12・4 組換え DNA 実験に関する法律 ………………………………………… 116

13. 再生医療技術の開発 ……………………………………… 伊東史子… **118**
- 13・1 クローン動物 ……………………………………………………………… 118
- 13・2 クローン動物を使った応用技術 ………………………………………… 120
- 13・3 幹細胞を用いた再生医療技術 …………………………………………… 121

14. 遺伝子組換え植物 ………………………………………… 野口 航… **124**
- 14・1 遺伝子組換え植物の作製 ………………………………………………… 124
- 14・2 遺伝子組換え植物の利用 ………………………………………………… 131

15. ゲノム編集 ── 遺伝子特異的破壊と配列導入 ……… 浅野謙一… **135**
- 15・1 DNA 切断人工酵素 ……………………………………………………… 135
- 15・2 CRISPR-Cas9 による DNA の二本鎖切断 …………………………… 137
- 15・3 二本鎖切断された DNA の修復経路 …………………………………… 138
- 15・4 CRISPR-Cas9 システムを用いた遺伝子編集法 ……………………… 138
- 15・5 CRISPR-Cas9 システムの応用例 ……………………………………… 141

提出用答案用紙 ………………………………………………………………………… 143
索　引 …………………………………………………………………………………… 183

1 遺伝子工学実践編 概論

概要 2003年にヒトゲノム解読が終了し，その後の時代はポストゲノム時代とよばれている．現在は，解読したゲノム配列をいかに利用するかが重要な研究となっている．特に近年注目すべき点は，ゲノム配列の決定速度が飛躍的に上がり，コンピュータの処理能力の向上も加わって遺伝子の網羅的な解析方法が普及したことである．またゲノム配列だけでなく，DNAのメチル化解析などのエピジェネティックとよばれる発現機構の解析も行われる．こうした新たな遺伝子解析技術の開発が，新しい科学的発見につながると同時に新しい産業を生み出しつつある．本章では，各章で解説するさまざまな遺伝子解析技術の概略を紹介する．

重要語句 網羅的遺伝子解析法，標的遺伝子解析法，in silico 解析，in vitro 解析，in vivo 解析，初代培養細胞，株化細胞，モデル実験動物

行動目標
1. 網羅的遺伝子解析法と標的遺伝子解析法の手法の違いを説明できる．
2. in silico 解析，in vitro 解析，in vivo 解析の特徴を説明できる．
3. 初代培養細胞と株化細胞の違いを説明できる．
4. モデル実験動物の特徴を理解し，解析目的に合わせて適切な実験動物を選定できる．
5. おのおのの解析法の関連性を理解できる．

1・1 遺伝子とゲノム

遺伝子 (gene) は個々の遺伝子をさすのに対し，ゲノム (genome) は生物のもつ遺伝子の総体をさす．さらにゲノムは遺伝子だけでなく，機能が未解明な DNA 配列を含めた総称であり (図1・1)，ヒトの遺伝子がゲノム全体に占める割合は数パーセントである．

高等生物であるヒトの遺伝子は，ゲノム解析が開始された当初は10万個を超えるだろうと予想されていた．しかし解読が進むに従いその予想数は減っていき，最終的には約2万2千個となった．この数はマウスとほぼ同じであり，ショウジョウバエの約1万3千個，線虫の約1万9千個と比べてもそれほど多くない．またシロイヌナズナ約2万6千個と比べるとむしろ少ない．少ない遺伝子からどのよう

にしてヒトの複雑な体が形成できるのか，遺伝子数だけでは決まらないことがわかる（表1・1）．

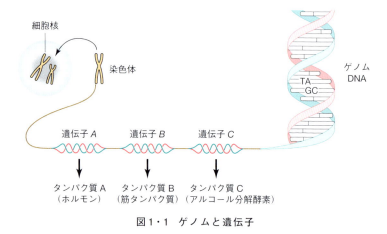

図1・1　ゲノムと遺伝子

表1・1　おもなモデル生物の遺伝子数

生 物 種	遺伝子数（個）
大腸菌	約 4300
線　虫	約 19,000
ショウジョウバエ	約 13,000
シロイヌナズナ	約 26,000
マウス	約 22,000
ヒ　ト	約 22,000

1・2　網羅的遺伝子解析法

　ある生命現象を解明するための遺伝子解析法は，多くの遺伝子の変化を一挙に探索する**網羅的遺伝子解析法**と，ある特定の遺伝子の解析に焦点を当てた**標的遺伝子解析法**に大別される（図1・2）．

　網羅的遺伝子解析法にはさまざまな方法がある．全塩基配列を決定して，配列の変異や DNA メチル化を調べる解析は**ゲノム DNA 解析**とよばれる．転写を網羅的に解析する場合には，mRNA の発現を比較する**マイクロアレイ解析**（第10章），mRNA の全配列を解読する**トランスクリプトーム解析**が行われる．タンパク質の発現を調べる場合は**プロテオーム解析**とよばれる．このほか，代謝物を把握することを目的として低分子量代謝物を網羅的に解析する**メタボローム解析**や，脂質を

標的にした**リピドーム解析**なども行われる．これらはまとめて**オーム解析**とよばれている（表1・2）．オーム（-ome）とは"すべて"という意味である．

ゲノムDNA解析ではたとえば，多くの遺伝子疾患の患者を対象にして遺伝子変異を調べることで，疾患と遺伝子変異との関連性を解析する．また，トランスクリプトーム解析やプロテオーム解析では，ある生命現象にどの遺伝子の発現が関与するのかを同定する目的で，遺伝子変異をもつ組織細胞を用いてmRNAやタンパク質発現を網羅的に調べて比較する．メタボローム解析は，疾患などをもつ個体や細胞での代謝物の変化を網羅的に把握し，関与するシグナル伝達系（パスウェイ）を特定することなどを目的にしている．細胞内シグナル伝達の流れを解明するためにはタンパク質-タンパク質間相互作用の解析も重要であり，免疫沈降法や酵母を用

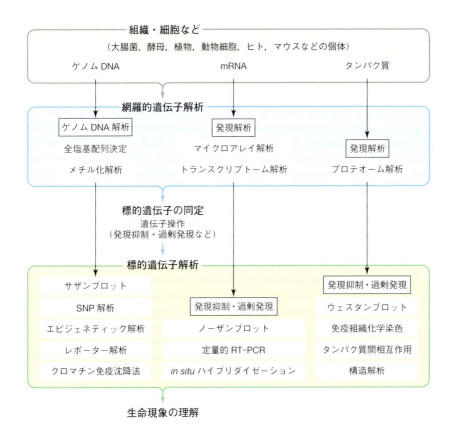

図1・2　遺伝子工学のおもな解析方法

いたツーハイブリッド法などで，どのタンパク質にどのタンパク質が結合するのか，結合タンパク質の探索が行われる（第9章）．

表1・2　おもなオーム解析

オーム解析	対　象
トランスクリプトーム	mRNA
プロテオーム	タンパク質
メタボローム	代謝物
リピドーム	脂　質

1・3　標的遺伝子解析法

　網羅的遺伝子解析で見いだされた遺伝子の実際の機能を検証するためには，それらの標的遺伝子を個別に解析する必要がある．標的遺伝子解析法には，図1・2に示したように，ゲノム DNA の大きな変異を解析するためのサザンブロット（第2章）や，個体間・細胞間での一塩基の違いを調べる SNP（single nucleotide polymorphism）解析（第11章），転写を制御する配列を解析するためのレポーター解析やクロマチン免疫沈降法（第3章），さまざまな個体や組織・条件での mRNA の量と大きさを調べるノーザンブロット，mRNA 量を調べる定量的 RT-PCR，組織や細胞ごとの mRNA 量の局在の違いを調べる *in situ* ハイブリダイゼーション（第2章），タンパク質を検出するウェスタンブロット（第6章）や免疫組織化学染色法（第7章）などさまざまな解析方法がある．

　また標的遺伝子の機能解析のために人為的に遺伝子操作を加える方法がよく用いられる．特に培養細胞で特定の遺伝子の発現を RNAi（RNA interference）により抑制したり（第4章），過剰発現させたりする実験（第5章）は，非常に汎用される．培養細胞での過剰発現の際に，遺伝子の酵素活性部位やリン酸化部位に点変異を導入しておけば（第8章），酵素活性やリン酸化に関わるアミノ酸の同定など詳細なメカニズムの解明も可能である．

　さらにマウスなどのモデル実験動物を用いて，遺伝子破壊や遺伝子導入操作が行われる（第12章）．個体を用いると実際の生理機能を反映した解析ができる．特に革新的なゲノム編集技術が開発されたことで，培養細胞のみならず，個体においても効率的に標的遺伝子の削除・交換・導入などができるようになってきた．こうしたゲノム編集技術は，新たな機能作物の作出や医療応用にもつながってきている（第14, 15章）．

医療応用という点ではiPS細胞の活用も重要である（第13章）．すでに臨床試験（治験）も開始されているが，さまざまな組織・臓器の再生医療への期待と同時に，創薬分野では薬物代謝の評価系としての役割が期待されている．

1・4　*in silico* 解析，*in vitro* 解析，*in vivo* 解析

　網羅的遺伝子解析法では，コンピュータを利用したデータベースやビックデータの解析が行われる．すでに，多くの個体のゲノム配列がデータベースとなっており，これをもとに病気や個体差の解析ができる．これを ***in silico* 解析**（イン シリコ）とよぶ．silicoとはシリコンのことで，コンピュータがシリコンでできた計算素子によって動いていることにちなむ．また，実際の実験をウェット（wet）というのに対してドライ（dry）ということもある．数理モデルもコンピュータ解析に用いられている．数理モデルでは細胞や個体でのさまざまな生体反応を数式で表すことで，生命現象をコンピュータのモデルとして再現することができる．数理モデルからさまざまな生命現象の予測をコンピュータで行い（*in silico* 解析），実際の実験データ（*in vitro* 解析，*in vivo* 解析）と比較検証する手法も注目されてきており，ウェットとドライの研究者が共同研究することも多くなってきた．

　***in vitro* 解析**（イン ビトロ）は動物個体を使わない実験系を総称している．vitroとはガラスのことで，試験管内で行う実験をさす．*in vitro* 解析には生化学，細胞生物学，分子生物学，微生物学など多くの学問分野を基盤とするさまざまな実験が含まれる．特に哺乳動物培養細胞を用いた解析は，タンパク質の細胞での局在や増殖・分化などの生命現象の作用機序を解析するうえで非常に有用である反面，個体での生理機能を必ずしも反映しない．一方 ***in vivo* 解析**（イン ビボ）は動物個体での実験をさす*．vivoとは"生きている"という意味で，*in vivo* は生きている"個体"をさして使われる．がん細胞を個体へ移植する実験，個体での薬物動態（移行と代謝）の解析や，モデル動物での遺伝子欠損や過剰発現の影響を調べる実験などが該当する．*in vivo* 解析の良さは実際の生理的な状況を反映する点であるが，複数の組織・細胞が影響し合うため，詳細な作用機序の解析が難しいという問題点もある．また，複数の細胞種を同時に培養して組織と同じような細胞種間の相互作用を再現する三次元培養がいろいろな細胞で可能になってきている．この方法は *in vivo* を反映する培養系として注目されている．*in vitro* 解析，*in vivo* 解析，*in silico* 解析にはそれぞれ長所と短所があるので，組合わせて実験結果を総合的に判断することが必要である．

---

*　分野によっては，培養細胞を用いた場合でも *in vivo* とよぶことがある．

1・5 培養細胞の選定

特定の遺伝子の機能を解析するために，**培養細胞**を用いて遺伝子の過剰発現や発現抑制が行われる．こうした解析に用いられるおもな哺乳動物細胞には，初代培養細胞と株化細胞がある（図1・3）．

正常細胞には寿命があり，組織から採取した細胞を培養すると（**初代培養細胞**），何回か分裂して増殖が停止（または死滅）する．たとえば，マウス組織からの線維芽細胞を培養した場合，40〜50回分裂すると大部分の細胞の増殖が停止する．しかし，ごく少数の細胞は再び増殖を開始する．これを細胞の不死化といい，無限の増殖能をもっている．こうして樹立された細胞を**株化細胞**とよぶ．細胞の不死化にはテロメラーゼの活性が重要と考えられており，無限の増殖能をもつがん細胞と類似している．

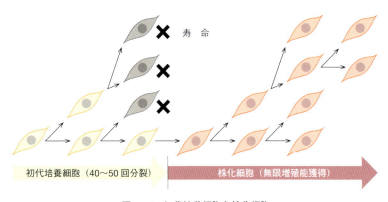

図1・3 初代培養細胞と株化細胞

株化細胞は，実験の再現性が高いことや継代培養の容易さから多くの解析に汎用されるが，細胞の樹立の過程で本来の細胞の性質が変化している場合もある．一方，初代培養細胞は，継代数は限定されるが，本来の細胞の性質がよく保持されている．初代培養細胞，株化細胞への遺伝子導入はどちらも可能であるが，導入効率は細胞ごとに大きく異なっている．そのため実験の目的に応じた細胞を選ぶこと，適した導入方法を選択することが必要である．

1・6 モデル実験動物の選定

実験上の長所をもつために多くの実験者が用いる実験動物は**モデル実験動物**とよばれる．どのようなモデル実験動物を使うかは，目的に応じて選択する（表1・3）．

古くから特定の生命現象を観察するために使われてきたモデル動物はいろいろあるが，近年は，遺伝子操作が容易であることやゲノム情報のデータベースが整っていることが重要である．また飼育の簡便性，ランニングコスト，世代交代の速さ，一度の出産で生まれる個体数（産匹数），系統化（遺伝的に均一化すること）しやすいことなどを考慮する必要がある．

疾患の機序解明・医療への応用を目指す場合は，ヒトと遺伝子数がほぼ同じ哺乳動物のマウスが汎用される．遺伝子を導入することで新たな機能を発現させたトランスジェニックマウスの作製，逆に遺伝子を欠損させることで本来の機能を失わせた遺伝子欠損マウスの作製は，ヒト疾患モデルとしてきわめて重要である（第12章）．個体における薬剤評価もまずマウスやラットで検証されることが多い．霊長類であるチンパンジーはヒトへの臨床試験前の最終確認で用いられることが多いが，使える施設も限られ高額であることから通常の研究にはあまり使われない．脊椎動物であるメダカやゼブラフィッシュ，昆虫類のショウジョウバエは遺伝子変異を導入したときの異常がわかりやすく，世代交代が早いことや産匹数が多いことから，遺伝学や発生分野で重用される．両生類のアフリカツメガエルも卵が大きく扱

表1・3 代表的なモデル実験動物の特徴

モデル実験動物	特徴（長所）	短所
線虫	・遺伝子操作が容易 ・飼育が容易，産卵数が多い ・世代交代期間が短い ・発生における細胞系譜が明らかになっている	・ヒトの疾病モデルになりにくい
ショウジョウバエ	・遺伝子操作が容易 ・飼育が容易，産匹数が多い ・世代交代期間が短い	・ヒトの疾病モデルになりにくい
メダカ，ゼブラフィッシュ	・脊椎動物 ・胚が透明で異常がわかりやすい ・飼育が容易，産卵数が多い ・世代交代期間が短い	・ヒトの疾病モデルになりにくい
マウス	・哺乳類 ・遺伝子がヒトにほぼ対応し，ヒトの疾病モデルになる	・遺伝子変異マウス作製に時間，場所，コスト，労力がかかる ・産仔数が少ない ・世代交代時間が長い
ヒト	・疾患を直接反映している ・治療に直結する	・試料をそろえるのが困難 ・遺伝背景が異なるため，ばらつきが大きい ・実験の制限が大きい

いやすいことからよく使用される．線虫は遺伝子導入しやすいことや世代交代が早く飼育が簡単であることに加え，約 1000 個の細胞だけで構成され成虫になるまでの**細胞系譜**（どの細胞がどの細胞になるかの関係）が明らかになっているという利点がある．特に神経回路のネットワークが解明されており，高等動物での遺伝子機能を推測するための個体モデルとして利用価値が高い．

演習問題

1・1　皮膚がんの一つメラノーマでは，*B–Raf* というがん遺伝子の発現が上昇している．しかしながら，*B–Raf* 遺伝子以外にもメラノーマ発症に関係する遺伝子の発現が上昇していると考えられる．こうした遺伝子を探索するために，どのような網羅的遺伝子解析法を行えばよいか．またそれを確認するためにどのような標的遺伝子解析法が考えられるか．

1・2　*in silico* 解析，*in vitro* 解析，*in vivo* 解析とは具体的にどういうものか，それぞれ一つずつ例をあげて説明しなさい．

1・3　株化細胞はどのように樹立されるかを説明しなさい．また初代培養細胞との性質の長所と短所を述べなさい．

1・4　疾患解析に適したモデル動物を選択するために，考慮すべき点を五つあげなさい．

2 ゲノム DNA 解析，mRNA 解析

概要 ゲノム DNA の制限酵素切断断片の大きさを知るためのサザンブロット，mRNA の発現状況を知るためのノーザンブロット，組織での mRNA（DNA）の局在を知るための *in situ* ハイブリダイゼーション（ISH），mRNA 量を正確に測定するための定量的 RT-PCR（qRT-PCR）という遺伝子工学での最も基盤的な汎用技術を紹介する．

重要語句 ハイブリダイゼーション，サザンブロット法，ノーザンブロット法，*in situ* ハイブリダイゼーション，定量的 RT-PCR，DNA 変性

行動目標
1. サザンブロットの目的と原理，方法を説明できる．
2. ノーザンブロットの目的と原理，方法を説明できる．
3. *in situ* ハイブリダイゼーションの目的と原理，方法を説明できる．
4. 定量的 RT-PCR（qRT-PCR）の目的と原理，方法を説明できる．
5. mRNA 解析データの解釈ができる．

2・1 ハイブリダイゼーション

サザンブロット，ノーザンブロット，*in situ* ハイブリダイゼーションの原理はすべてハイブリダイゼーション（図 2・1）に基づいている．すなわち，二本鎖 DNA を形成する水素結合は高温やアルカリ条件下で切れて，一本鎖 DNA となる．これを **DNA 変性** とよぶ．相補的な塩基配列をもつ一本鎖 DNA や RNA は，適当な条

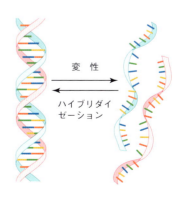

図 2・1 **DNA 変性とハイブリダイゼーション** 二本鎖 DNA は熱などにより変性して一本鎖 DNA となるが，低温で放置すると相補鎖が対合（アニール）して再び二本鎖 DNA を形成する．

件下で塩基が対合（アニール）して二本鎖 DNA（RNA）となる．これを**ハイブリダイゼーション**（hybridization）とよぶ．一本鎖 DNA や RNA を放射性同位体や特殊な分子で標識してプローブを作製し，プローブを標的 DNA や RNA にハイブリダイゼーションすることにより，特定の配列を検出できる（図 2・2）.

DNA 変性が起こる温度を**融解温度**（melting temperature, T_m）とよび，T_m は溶液の組成と DNA の性質（長さや GC 含有率）で決まる[*1].

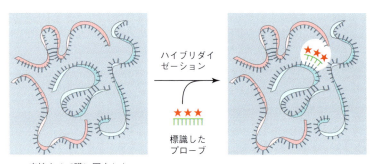

図 2・2 標的となる DNA や RNA は相補的な配列をもつプローブとハイブリダイゼーションして二本鎖となる．プローブを放射性同位体などで標識しておくことにより，標的の DNA や RNA を検出できる．

2・2 おもなゲノム DNA 解析，mRNA 解析法の特徴の比較

後述する各解析法にはそれぞれの特徴と目的がある（表 2・1）．サザンブロットとノーザンブロットは，ゲノム DNA 断片や mRNA の大きさと概量を知る目的で行われる．

in situ ハイブリダイゼーションは，目的遺伝子の mRNA（DNA）が組織切片上のどの細胞に発現しているかを検出することを目的とする．発現量の推定も可能である．

DNA マイクロアレイは，比較したい検体での mRNA の発現量を網羅的に比較定量することを目的とする手法である（第 10 章で説明する）．

定量的 RT-PCR（qRT-PCR）は，PCR によって，比較したい検体間での mRNA 量を定量的に測定できる．少量の mRNA でも検出でき，またチューブ内で行うため非常に簡便で定量性に優れている．

[*1] 詳細は第 I 巻 §12・2 "DNA 二本鎖の融解温度 T_m" を参照．

2・3 サザンブロット法，ノーザンブロット法

表2・1 おもなゲノムDNA解析法，mRNA解析法の特徴

実験方法	検出対象	原理	試料媒体	おもな目的，長所
サザンブロット	ゲノムDNA	ハイブリダイゼーション	膜に吸着固定したDNA	・DNAの大きさ ・概量の比較
ノーザンブロット	mRNA	ハイブリダイゼーション	膜に吸着固定したmRNA	・RNAの大きさ ・スプライシングの存在 ・概量の比較
in situ ハイブリダイゼーション	mRNA (DNA)	ハイブリダイゼーション	スライドガラスに固定した組織切片	・mRNA (DNA) の局在 ・概量の比較
DNAマイクロアレイ	mRNA	ハイブリダイゼーション	スライドガラスに固定したDNA	・mRNAの発現量を網羅的に比較定量
定量的RT-PCR	mRNA	PCR	チューブ内で反応	・正確な発現量を比較定量

2・3 サザンブロット法，ノーザンブロット法
2・3・1 サザンブロット法
【目的・原理】

　サザンブロット (Southern blot) は，ゲノムDNA断片の大きさ・量とその周辺の制限酵素部位を知ることが目的である．制限酵素部位で挟まれたゲノムDNA断片の大きさは，その部位への挿入や欠失，また制限酵素部位に点変異が生じると変化するため，こうした変異の確認のために用いられる．また遺伝子欠損マウスの作製時には，マウスの遺伝子組換えの判定に利用される．

　制限酵素で切断したDNA断片をゲル電気泳動して分子量で分け，膜に転写後，標識したプローブによるハイブリダイゼーションによって目的のDNAを検出する (図2・3a)．

【方　法】
① ゲノムDNAを調製し，いくつかの制限酵素で切断する．
② アガロースゲル電気泳動を行い，分子量に応じてDNA断片を分離する．ゲノムDNA断片は異なる大きさの断片を多数含むので，広い分子量範囲に広がったスメアバンド[*2]として検出される．
③ アルカリ処理によりゲル中の二本鎖DNAを変性させる．その後中和する．

[*2] **スメアバンド**: スメア (smear) は塗りつけることで，スメアバンドは分子量の異なるDNA断片が多数存在するために生じる広がったバンドのこと．

④ アガロースゲル中にある DNA をナイロン膜に移行させる（転写する）．アガロースゲル，ナイロン膜，ペーパータオルの順に重ね，転写液を下から吸い上げることで転写する．
⑤ 標識したプローブとハイブリダイゼーションさせる．
⑥ 洗浄後，プローブとハイブリダイゼーションした DNA 断片を検出する．

2・3・2 ノーザンブロット法

【目的・原理】

ノーザンブロット（Northern blot）は，mRNA の大きさと発現量を知ることが目的である．組織・細胞における発現量の比較や mRNA の大きさの違いから転写開始位置やスプライシングの有無などがわかる．

標識したプローブによるハイブリダイゼーションによって目的の mRNA を検出する（図 2・3b）．

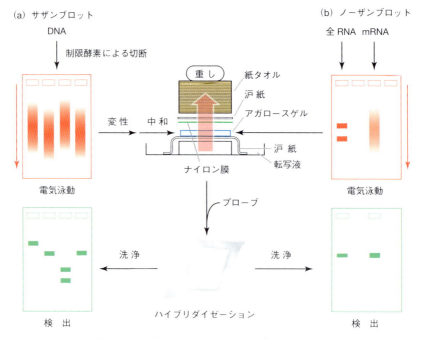

図 2・3 サザンブロット，ノーザンブロットの方法

【方法】

① 組織や細胞から，全RNAまたはmRNAを調製する．
② アガロースゲル電気泳動を行い，分子量に応じてRNAを分離する．mRNAを使用した場合は少量のスメアバンド，全RNAを使用した場合は相対量の多いrRNAの2バンドのみがはっきりと検出される．
③ アガロースゲル中にあるRNAをナイロン膜に転写する．アガロースゲル，ナイロン膜，ペーパータオルの順に重ね，転写液を下から吸い上げることで転写する．
④ 標識したプローブとハイブリダイゼーションさせる．
⑤ 洗浄後，プローブとハイブリダイゼーションしたRNAを検出する．通常一つの遺伝子から転写されて検出されるmRNAの大きさは同じだが，スプライシングアイソフォーム[*3]がある場合は異なる大きさのRNAバンドが検出される．

2・3・3 サザンブロット，ノーザンブロットの実験例

ゲノムDNAは長いので，強く撹拌すると切れてしまう．そこで溶解する際にはボルテックスをかけたりせずに，指で軽くはじいて撹拌するなどの方法で丁寧に扱う．また，mRNAはRNアーゼで分解されやすい．RNアーゼは汗や唾液に多く含まれるので，手袋，マスクを着用し，RNアーゼの混入を防ぐ．

【サザンブロット実験例1：個体識別】

ヒトゲノムDNAにはミニサテライト[*4]とよばれる繰返し配列の多い場所がある．繰返し配列は個人によって繰返し数が異なっているため（図2・4左，ピンク色で表示），制限酵素で切断し（図2・4左，矢印），ミニサテライトDNAをプローブとしてサザンブロットを行うといろいろな分子量のバンドが検出される．このパターンの違いから個人の識別ができる．

【ノーザンブロット実験例2：各組織における遺伝子の発現の検出】

図2・5に示す各組織からmRNAを調製し，遺伝子Xを検出するプローブを用

[*3] **スプライシングアイソフォーム**：一つの遺伝子からの転写過程において異なるエクソンを使うことにより産生するさまざまな長さと配列をもつ成熟mRNAのこと．
[*4] **ミニサテライト**：5〜30塩基対の反復単位が数十個繰返している領域のこと．GC含量が他と異なるために，DNAを密度勾配遠心した際に，ゲノムの他の部分と密度の異なる場所にDNAバンドが現れることからサテライト（衛星）とよばれる．

いてノーザンブロットを行った．この遺伝子は脳に発現が多く，心臓，骨格筋，平滑筋にもある程度発現していることがわかる．また精巣には分子量の異なるスプライシングアイソフォームが発現していることがわかる．

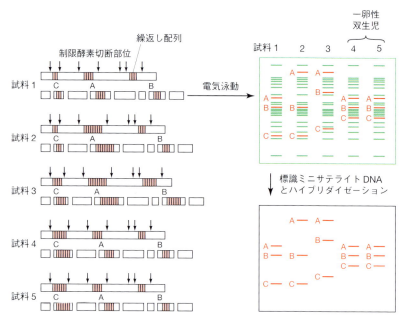

図2・4　サザンブロットによる個体識別　試料1～5は異なるヒトのゲノムDNAを用いている．4と5は一卵性双生児からのゲノムDNA．繰返し配列をピンクで示した．

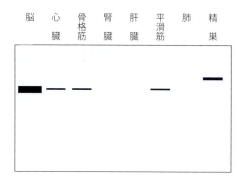

図2・5　ノーザンブロットによる各組織における遺伝子Xの発現解析

2・4　*in situ* ハイブリダイゼーション

【目的・原理】

　スライドガラス上に組織切片を固定し，目的遺伝子の mRNA（またはゲノム DNA）に相補的な RNA（または DNA）プローブをハイブリダイゼーションすることで，組織中の mRNA（またはゲノム DNA）の局在を検出する（図2・6）．これを *in situ* ハイブリダイゼーション（*in situ* hybridization，ISH）という．*in situ* とは"その場所で"の意味である．

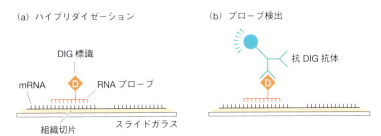

図2・6　*in situ* ハイブリダイゼーションの原理と方法　(a) 前処理を行った組織切片に，目的の mRNA に対する DIG 標識 RNA プローブをハイブリダイゼーションさせる．(b) 抗 DIG 抗体を用いて RNA プローブを検出する．

【方　法】

① 切片作製: 組織から切片を作製し，スライドガラスに貼り付ける．
② プローブ作製(図2・7): mRNA と同じ配列のセンスプローブおよび，mRNA と相補的な配列のアンチセンスプローブを作製する．目的の配列はアンチセンスプローブで検出されるが，非特異的なシグナルでないことを確認するために必ずセンスプローブを対照として使用する．T7 プロモーターと T3 プロモーターをもつベクターに cDNA をクローニングする．ベクターを A の制限酵素で切断した後 T7 プロモーターを用いてアンチセンスプローブを作製する．ベクターを B の制限酵素で切断した後 T3 プロモーターを用いてセンスプローブを作製する．このときプローブに DIG（ジゴキシゲニン）標識をしておく．標識方法としてはほかに蛍光標識や酵素標識も用いられる．
③ ハイブリダイゼーション: 組織切片の mRNA に対して DIG 標識アンチセンスプローブをハイブリダイゼーションさせる（図2・6）．
④ 検　出: プローブの DIG 標識に対する抗 DIG 抗体を用いてプローブが結合した mRNA の発現場所を検出する．センスプローブを用いたハイブリダイゼー

ションも行って,アンチセンスプローブの結合が非特異的でないことを確認する.

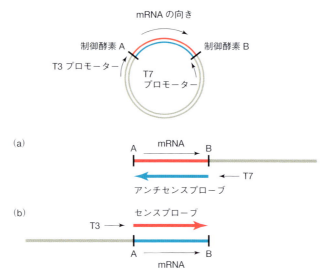

図 2・7 *in situ* ハイブリダイゼーションのプローブ作製方法 (a) アンチセンスプローブ (mRNA と相補的な配列.ハイブリダイゼーションする).制限酵素 A で切り,T7 プロモーターを用いて RNA プローブを合成する.(b) センスプローブ (mRNA と同じ配列.ハイブリダイゼーションしない).制限酵素 B で切り,T3 プロモーターを用いて RNA プローブを合成する.

【実験例 1:海馬における遺伝子の発現の検出】

海馬の組織切片に遺伝子 Y の mRNA に対するプローブを用いて *in situ* ハイブリダイゼーションを行った.アンチセンスプローブを用いたときには遺伝子 Y の mRNA のシグナル(紫色)が観察されるが,センスプローブを用いたときにはシグナルは観察されなかった(図 2・8).海馬部分で遺伝子 Y が発現していることがわかる.

【実験例 2:FISH 法による医療診断】

FISH(fluorescence *in situ* hybridization)法は蛍光プローブを用いた *in situ* ハイブリダイゼーションである.蛍光標識したプローブで染色体の目的遺伝子とハイブリダイゼーションさせ,その遺伝子の増減や染色体中の場所を調べることができる(図 2・9).ダウン症における 21 番染色体のトリソミー(3 本の染色体)やがん細胞での融合遺伝子の形成,遺伝子欠損の診断などに利用されている.

(a) アンチセンスプローブ

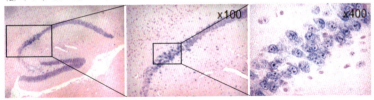

(b) センスプローブ

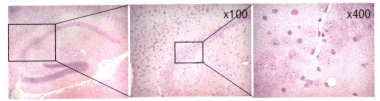

図 2・8 *in situ* ハイブリダイゼーションを用いた mRNA の検出 細胞核をピンクで染色．検出された細胞質 mRNA のシグナルは紫色で示されている．アンチセンスプローブを用いたときのみ，海馬部分の細胞が紫色に染まっている．

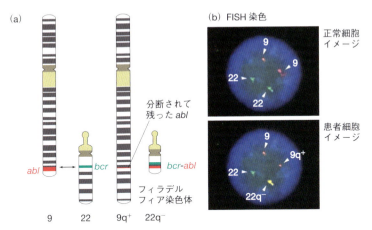

図 2・9 FISH 法による慢性骨髄性白血病の診断 (a) 染色体の模式図．ヒト慢性骨髄性白血病では染色体の相互転座が起こり，9 番染色体(9)上の *abl* 遺伝子と 22 番染色体(22)上の *bcr* 遺伝子が融合して，新たに *bcr-abl* 融合遺伝子が形成される ($22q^-$, フィラデルフィア染色体とよばれる)．($9q^+$ は染色体 9 と 22 の残りの部分が融合したもの)．(b) FISH 法により，染色体上の *bcr-abl* 融合遺伝子を確認する．正常細胞では *abl* 遺伝子(赤)と *bcr* 遺伝子(緑)が 2 個ずつ検出される．患者では，正常な相同染色体上の *abl* 遺伝子(赤)と *bcr* 遺伝子(緑)，フィラデルフィア染色体上の *bcr-abl* 遺伝子(黄)，そして $9q^+$ に分断されて残った *abl* 遺伝子(小さい赤色)が検出される．

2・5 定量的 RT-PCR

【目的・原理】

定量的 RT-PCR（qRT-PCR, quantitative reverse transcription PCR）は，おもに比較したい検体間での mRNA 量を正確に定量化することを目的とする．mRNA を逆転写酵素で cDNA とし，これを鋳型として PCR を行うと，少量の mRNA でも検出できる．PCR では 1 サイクルごとに DNA が 2 倍ずつ指数関数的に増幅するが，やがてプラトーに達し増幅は止まる（図 2・10a）．DNA 量（実際の増幅産物量）を青線，それを蛍光により検出したシグナル強度を赤線で示す．DNA 量が少ない場合には DNA 量の増加は検出されない．最初に用いた DNA 量が多いほど，増幅産物量の検出可能な量（**閾値**，threshold）に達するサイクル数（C_t 値）は少ない．増幅産物量を増幅時に測定することから，**リアルタイム PCR** ともよばれる．単に定量 PCR とよぶこともある．

あらかじめ量がわかっている DNA を用いて，閾値に達したサイクル数（C_t 値）を濃度に対して図示し検量線とする．未知検体を用いた場合に閾値に達するサイクル数を測定すれば，それを検量線と比較することで未知検体中に最初に存在した

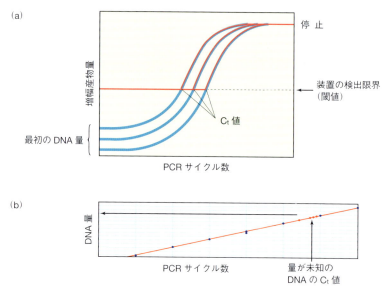

図 2・10　**定量的 RT-PCR の原理と方法**　(a) 原理．(b) 検量線を用いた絶対定量法．C_t 値から DNA 量を算出する．

DNA量を推定できる．未知検体のcDNA量はmRNA量と比例しているので，cDNA量を比較することでmRNA量を推定できる（図2・10b）．逆転写反応からPCRまで1本のチューブ内で行うことも可能になっており，簡便で定量性に優れているため，近年非常に汎用されている．

増幅産物の検出法には，インターカレーション法とプローブ法がある（図2・11）．**インターカレーション法**では蛍光色素（SYBR Green Iなど．インターカレーター）が二本鎖DNAの間にはまり込み（インターカレーション），蛍光を発する．PCRによって二本鎖DNAが増幅すると蛍光強度が増加する．どのような配列でも用いることができるので汎用性に優れ廉価である．一方，二本鎖DNAの増加を配列非依存的に検出してしまうので，目的配列だけが増幅していることを確認する必要がある．

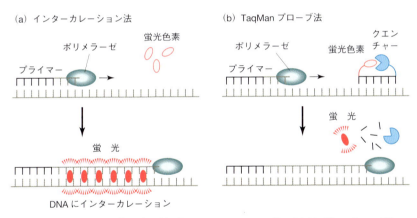

図2・11　**増幅産物の検出法**　(a) インターカレーション法．(b) TaqManプローブ法．

プローブ法では，増幅産物と相補的なオリゴヌクレオチドに蛍光色素と消光物質（**クエンチャー**）の両方を結合させたプローブ（**TaqManプローブ**）を用いる．プローブ中の蛍光色素とクエンチャーは近い距離で相互作用しており蛍光は検出されない．TaqManプローブは配列依存的にDNAに結合する．PCRが進行するとDNAポリメラーゼでTaqManプローブが加水分解され，蛍光色素とクエンチャーの距離が離れることで蛍光シグナルが検出されるようになる．特異性が高い反面，目的とする配列ごとにプローブを作製するためコストや手間がかかる．

【方 法】
① 細胞または組織から全RNAまたはmRNAを調製する.
② 逆転写酵素を用いて, mRNAからcDNAを作製する.
③ インターカレーター（蛍光色素）またはTaqManプローブを含む反応液中で目的遺伝子のPCRを行う. 同時に対照遺伝子のPCRも行う.
④ 対照遺伝子で補正し, 検体中での目的遺伝子の量を測定する.

【実験例: 遺伝子の発現変動の検出】

褐色脂肪組織における低温刺激による遺伝子の発現変動の検出を行った. マウスを室温から低温（4℃）に移すと, 体温を維持するために筋肉や褐色脂肪組織で熱産生が行われる. 熱産生には熱産生遺伝子 *UCP1*, *PGC1α* が関与している. 褐色脂肪組織での *UCP1* 遺伝子と *PGC1α* 遺伝子のmRNAの発現の変化を調べたところ, それぞれ約35倍, 約13倍と顕著に増加した（図2・12a）. 一方, 目的遺伝子は逆に発現が約30%まで減少した（図2・12b）.

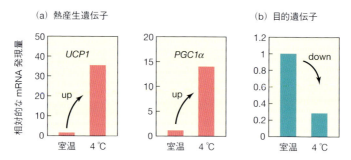

図2・12 定量的 RT-PCR による遺伝子発現の変動の検出 それぞれの遺伝子の mRNA の発現量は室温での発現を1とした相対値として示している.

演習問題

2・1 ゲノムDNAの挿入や欠失, 点変異などの存在を判定するためにサザンブロット解析を行った. 正常なゲノムDNAのある部分(A)には三つの *Eco*RI 切断部位（*Eco*RI-1, *Eco*RI-2, *Eco*RI-3）が存在し, *Eco*RI で切断後, 右図に示したプローブでサザンブロット解析を行うと 2.0 kbp と 3.5 kbp のバンドが検出される. この領域のゲノム DNA に 0.8 kbp の挿入があった場合(B), 0.5 kbp の欠失があった場合(C), *Eco*RI-2 部位に点変異があり制限酵素で切断されない場合(D), それぞれの場合に検出される DNA 断片の長さを答えなさい.

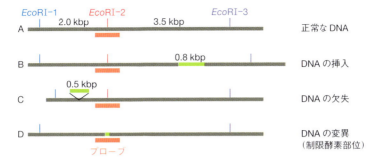

2・2 組織でのmRNAの発現量を解析したい．ノーザンブロット解析, *in situ* ハイブリダイゼーション解析, qRT-PCRの使い分けを説明しなさい．

2・3 qRT-PCRの手順を注意すべき点をあげながら説明しなさい．

3 転写制御解析

概要 ゲノム DNA から mRNA になる過程を転写（遺伝子の発現）とよぶ．遺伝子発現制御は，遺伝子の転写調節領域に転写因子などが結合することによる制御と，エピジェネティックな制御（すなわち DNA とヒストンの修飾）によって行われている．転写調節領域が関わる制御を解析する代表的な方法としてレポーターアッセイ（プロモーターアッセイ），ゲルシフトアッセイ，クロマチン免疫沈降法がある．近年クロマチン構造，ゲノム DNA のメチル化，ヒストンの修飾などによるエピジェネティックな転写制御も注目されている．

重要語句 レポーターアッセイ，ゲルシフトアッセイ，クロマチン免疫沈降法

行動目標
1. レポーターアッセイの目的・原理と方法を説明できる．
2. ゲルシフトアッセイの目的・原理と方法を説明できる．
3. クロマチン免疫沈降法の目的・原理と方法を説明できる．

3・1 レポーターアッセイ

【目的・原理】

　遺伝子の発現は，プロモーター領域に RNA ポリメラーゼが結合することと，転写調節領域に転写因子などが結合することによって制御されている．**レポーターアッセイ**は，目的遺伝子の転写調節領域およびプロモーター領域の下流に，本来の遺伝子の代わりにレポーター遺伝子をつなぎ，そのレポーター遺伝子の活性を測定することで，本来の遺伝子の活性化状態や，遺伝子発現を制御している転写調節領域がどこであるかを調べる方法である（図3・1）．

　レポーター遺伝子としては，感度の高いホタルルシフェラーゼ遺伝子がよく使われる．細胞への導入効率や細胞毒性の影響を補正するためにウミシイタケルシフェラーゼを内部標準*として用い，デュアルルシフェラーゼアッセイとして実験を行うことが多い．通常，細胞を破壊して抽出したルシフェラーゼの活性を測定する

---

* すべての細胞で一定の活性をもつように設定したもので，レポーター活性以外の実験条件を補正するために用いる．

が,生きた細胞での転写活性を観察したいときはレポーター遺伝子として緑色蛍光タンパク質(GFP)などが使われる.レポーター遺伝子としては,使用する細胞や生体内にその活性がない(低い)こと,感度が良いことが重要である.

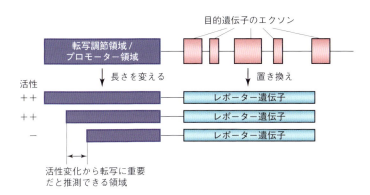

図3・1 レポーターアッセイの原理

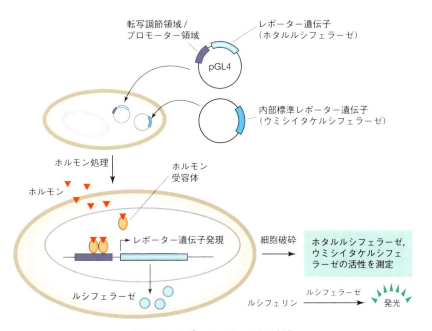

図3・2 レポーターアッセイの方法

【方 法】（図3・2）

① ホタルルシフェラーゼ遺伝子の入ったベクター（pGL4）のホタルルシフェラーゼ遺伝子上流に目的遺伝子のプロモーター領域および転写調節領域を挿入する．
② このベクターを遺伝子の発現を解析したい細胞に導入する（培養細胞にベクターを導入し形質転換することを**トランスフェクション**とよぶ）．内部標準であるウミシイタケルシフェラーゼ遺伝子の入ったベクターを一緒に導入する．
③ 細胞をホルモン，薬剤等で処理し，転写調節領域を活性化してルシフェラーゼの発現を誘導する．
④ 細胞を破砕してルシフェラーゼタンパク質が存在する可溶性画分を調製する．
⑤ ホタルルシフェラーゼおよびウミシイタケルシフェラーゼの活性を測定する．それぞれの発光基質を添加し，ルミノメーターで発光量を測定する．内部標準のウミシイタケルシフェラーゼ活性を用いて導入効率等を補正する．

【実 験 例】

ある遺伝子の転写調節領域と想定されている配列のうち，どの部分が実際に転写活性に必要かを調べたい．図3・3に示すように，ホタルルシフェラーゼ遺伝子の入ったpGL4ベクターに転写調節領域A～Dおよびプロモーターからなる領域を導入したベクター（No.1～5）を用意した．No.0はプロモーター領域と転写調節領域を入れていないコントロールである．遺伝子の発現を解析したい細胞にこれらのベクターを導入した後，レポーター活性を測定した．

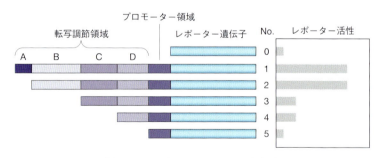

図3・3　レポーターアッセイの実験例

この実験例では，ベクターNo.2と3，ベクターNo.4と5の間でレポーター活性が減少していることから，B領域とD領域が転写を促進する領域であることが推定される．

3・2 ゲルシフトアッセイ

【目的・原理】
　DNA にタンパク質が結合すると，ゲル電気泳動で分離したときに DNA の移動度は高分子量側にシフトする．これを利用して DNA とタンパク質の結合を検出する方法を**ゲルシフトアッセイ**または **EMSA**（electrophoretic mobility shift assay）とよぶ．

　転写因子などのタンパク質（トランスエレメント．DNA 鎖とは別の因子をトランスエレメントとよぶ）と転写調節領域などの DNA（シスエレメント．DNA 鎖での因子をシスエレメントとよぶ）との結合を確認することを目的としてゲルシフトアッセイが行われる．レポーターアッセイで転写調節領域がわかった後に行うことが多い．

　核抽出物中の転写因子をビオチン標識した DNA と結合させ，DNA-タンパク質複合体を電気泳動で分離する．ナイロン膜に転写後，西洋ワサビペルオキシダーゼ（horseradish peroxidase，HRP）を結合したストレプトアビジンと反応させて可視化する．DNA の配列に変異を導入し，結合性がなくなることを確認することで，結合に必要な塩基配列を正確に決定することができる．

【方　法】（図 3・4）
① 目的の転写調節領域の DNA（25～40 bp くらい）をビオチン標識し，相補鎖 DNA と対合（アニール）させて二本鎖 DNA とする．
② 細胞をホルモン等で刺激する．細胞質に存在している転写因子は刺激によって核に移行する．低張（低浸透圧）緩衝液で細胞膜を破壊し，遠心分離で細胞質画分を除いた核を集める．高塩濃度緩衝液を用いて DNA 結合タンパク質を DNA から分離した溶液を調製する．これを核抽出物とよぶ．すでに転写因子が判明している場合は，その転写因子の遺伝子を大腸菌で発現して精製したタンパク質（組換えタンパク質）を使用することもできる．
③ ビオチン標識した二本鎖 DNA と核抽出物を混合し，DNA とタンパク質の複合体を形成する．転写因子が結合すると予想されるヌクレオチドに変異を入れた DNA 配列を用いて実験をすると，結合が配列に特異的であることがわかる．また，ビオチン標識していない非標識 DNA を加えて，標識 DNA とタンパク質との結合を競合阻害することで，検出されたバンドが DNA-タンパク質複合体であることを確認する．
④ 4～6％非変性ポリアクリルアミドゲルで電気泳動する．非変性ポリアクリルア

ミドゲルはSDSを用いないので，タンパク質は変性せずDNA結合能が維持される．
⑤ 電気泳動後の非変性ポリアクリルアミドゲル中のDNA-タンパク質複合体をナイロン膜に転写し，紫外線照射などでDNA-タンパク質複合体を膜に固定する．
⑥ 膜を脱脂粉乳などのタンパク質で処理して非特異的結合を抑えた後（ブロッキングとよぶ），HRP-ストレプトアビジンと反応させ，基質を加えて酵素反応によりDNAバンドを検出する．

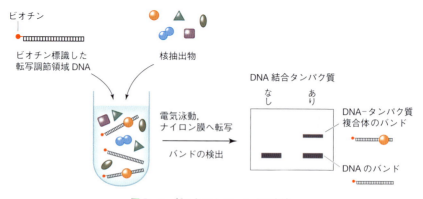

図3・4　ゲルシフトアッセイの方法

【実験例】

核内受容体に作用するホルモンで哺乳動物細胞を処理すると，ホルモン結合受容体は転写因子としてDNAの転写調節領域（特異的DNA）に結合する（図3・5）．ここでは転写調節領域とホルモン受容体との結合・特異性を調べることにした．

レーン1ではホルモン結合受容体（転写因子）を含む核抽出物が存在しないので，標識DNA-転写因子複合体が形成されない．レーン2ではホルモン処理をしていないので，転写因子であるホルモン結合受容体がそもそも形成されない．レーン3では特異的標識DNAと転写因子の複合体が形成されるが，レーン4の変異した標識DNAとは転写因子複合体が形成されない．レーン3の条件下で特異的非標識DNAを過剰量加えると標識DNAと競合し，標識DNA-転写因子複合体は検出できなくなる（レーン5）．競合しない変異した配列をもつ非標識DNAを過剰量加えても，標識DNA-転写因子複合体形成は阻害されない（レーン6）．

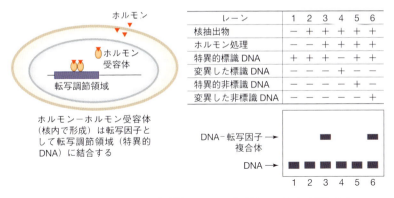

図3・5 ゲルシフトアッセイの実験例 ホルモン処理が＋のときは細胞をホルモン処理してから核を抽出する．各抽出物および標識DNA，非標識DNAが＋のときは，それぞれを反応液中に混合して反応後，非変性アクリルアミドゲルで電気泳動して膜に転写後，標識DNAを検出した．

3・3 クロマチン免疫沈降法

【目的・原理】

クロマチン免疫沈降法（chromatin immunoprecipitation, **ChIP**）では，転写因子が結合したDNA溶液に転写因子に対する抗体を混合後，遠心する．すると，転写因子が結合している転写調節領域のDNAが共沈殿する（**免疫沈降**とよぶ）ので，このDNA配列を決定することができる．哺乳動物細胞内に形成されているDNA-転写因子複合体を化学的に架橋し，DNAを断片化した後，転写因子に対する抗体で免疫沈降する．共沈殿するDNAの配列がある程度予想できる場合はPCRによって配列を増幅してDNA配列を解読する．配列が予想できない場合はDNAチップ（DNAマイクロアレイ，第10章参照）に同定したいDNA配列を結合させることで塩基配列を決定するChIP on chipなどの方法で転写調節領域の配列を決定する．

【方　法】（図3・6）

① 哺乳動物細胞内のDNA-転写因子複合体をホルムアルデヒドで反応して架橋（クロスリンク）する．
② DNAを調製し，超音波処理により断片化する．
③ DNA-転写因子複合体を転写因子に対する抗体と反応させる．抗体と結合するビーズを加え，遠心分離することでDNA-転写因子複合体を単離できる．

④ 転写因子であるタンパク質をプロテイナーゼKなどのタンパク質分解酵素で分解する．
⑤ 残ったDNAの配列をPCRで増幅することで配列を決定する．

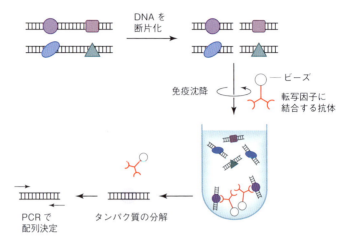

図3・6 クロマチン免疫沈降法

演習問題

3・1 がん細胞の増殖に関わると考えられる転写因子Aを見いだした．この転写因子Aは遺伝子Bの発現を制御することはわかっているが，遺伝子Bの転写制御領域のどこに結合するかは不明である．これを調べるためには，どのような方法があるか，方法の名前，原理，実験方法を説明しなさい．

3・2 ゲルシフトアッセイを行ったところ，DNAバンドのほかに，DNA-タンパク質複合体と考えられる大きさの異なるバンドが二つ検出された．どのような可能性が考えられるか考察しなさい．

3・3 解析対象の転写因子に対する抗体を用いてクロマチン免疫沈降法を行った．この抗体で転写因子が免疫沈降したことは確認した．その後，タンパク質を分解したのち，PCRを行ったが，DNAがまったく増幅してこなかった．考えられる要因をあげなさい．

4 RNAiによる遺伝子発現抑制

概要 特定の遺伝子の機能を知るためには,その遺伝子の機能を阻害することが有効である.RNAiは特定の遺伝子の発現を人為的に抑制できる強力な方法である.shRNA発現ベクターや化学合成したdsRNAを哺乳動物細胞に導入することにより目的遺伝子の発現を抑制できる.ただしRNAi実験の結果の解釈においては,観察された現象が目的遺伝子の発現を抑制したことによるものであることの確認が重要である.

重要語句 RNAi, dsRNA, Dicer, siRNA, RISC, インターフェロン応答, shRNA, ノックダウン, スクランブルsiRNA, オフターゲット効果

行動目標
1. RNAiの原理を説明できる.
2. 哺乳動物細胞におけるRNAi実験法を説明できる.
3. RNAi実験の注意点とその対策について説明できる.
4. RNAiを使った実験データの解釈ができる.

4・1 RNA干渉(RNAi)

【目的・原理】

RNA干渉(RNA interference, **RNAi**)とは,二本鎖RNA(double strand RNA, **dsRNA**)を細胞内に導入すると,その配列に相補的な塩基配列をもつmRNAが分解される現象である.1990年代後半に特定の二本鎖RNAを線虫に導入すると,特定の遺伝子の発現抑制が起こることが最初に報告された.その後,RNAiの詳細な機構が明らかになった.その機構を以下に示す.

① RNA分解酵素の一種である**Dicer**がdsRNAを切断して短い**siRNA**(small interference RNA)にする.
② siRNAのうちの1本が**RISC**(RNA-induced silencing complex)とよばれるRNA–タンパク質複合体を形成する.
③ これが相補的な配列をもつmRNAに結合して切断することで,遺伝子発現を抑制する.

この仕組みを利用すると,目的遺伝子mRNAに相補的なdsRNAを細胞に導入するだけで,その遺伝子の発現を抑制できる.しかし,哺乳動物細胞にはRNAウイ

ルスに対する防御機構として，**インターフェロン応答**という仕組みが存在する．これは細胞質に長い dsRNA が存在するとインターフェロン合成が誘導され，インターフェロンの作用により mRNA の非特異的な分解やタンパク質合成の抑制が起こり，アポトーシスが誘導される現象である．そのため哺乳動物細胞では，長い dsRNA を導入することによる RNAi 実験は不可能であった．しかし Dicer によって生成するような短い siRNA を用いればインターフェロン応答を回避できること

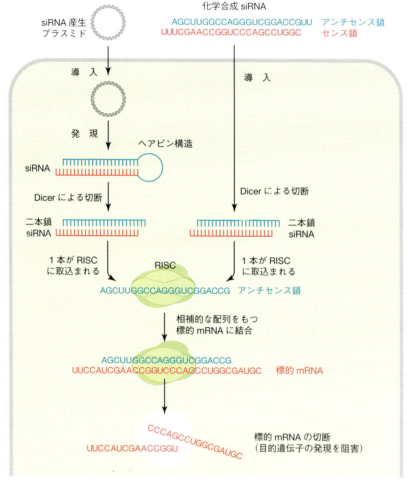

図 4・1　RNAi の機構

がわかり，RNAi を哺乳動物の細胞における遺伝子発現抑制に応用可能となった．遺伝子そのものを破壊する遺伝子のノックアウトに対して，RNAi によって標的遺伝子の発現を抑制する方法を**ノックダウン**とよぶ．哺乳動物細胞を用いて RNAi による遺伝子発現抑制を行う方法は以下の二つに大別される．

1) 21〜25 塩基対程度の化学合成した二本鎖の RNA（siRNA）を細胞内に導入する方法．導入した siRNA 二本鎖のうち一本が RISC に取込まれて相補的な標的 mRNA を分解し，目的遺伝子の発現を阻害する．
2) siRNA を産生するベクターを用いる方法．発現ベクターには多くの場合，ベクターから転写されてくる RNA が分子内で部分的な二本鎖構造（ヘアピン構造）を形成するような塩基配列を組込んでおく．転写されてできたヘアピン型 RNA（short hairpin RNA，**shRNA** とよぶ）が Dicer による切断を受けて二本鎖の siRNA となり，化学合成した siRNA と同様な仕組みで目的遺伝子の発現を抑制する（図 4・1）．

二つの方法にはそれぞれ長所と短所があり，目的に応じて使い分けられている（表 4・1）．

表 4・1 化学合成した siRNA を用いる方法と，siRNA 産生ベクターを用いる方法の比較

	化学合成 siRNA	siRNA 産生プラスミド（shRNA）
長所	・蛍光標識の付加や RNA の安定性を高める修飾をすることが可能 ・簡便	・長期間にわたり目的遺伝子の発現を抑制することが可能 ・トランスジェニック動物の作製により個体レベルでの RNAi 実験が可能
短所	・発現抑制効果は一過性（数日から1週間程度） ・コストが高い	・細胞への導入効率が低い場合がある ・ベクター構築に手間がかかる

【方　法】

① siRNA 産生プラスミドや化学合成した siRNA と脂質二重膜小胞（リポソーム）との複合体を作製し，これを細胞に取込ませることにより siRNA を細胞内に導入する．
② siRNA 導入から 48〜96 時間後に逆転写 PCR やウェスタンブロットなどにより標的遺伝子の mRNA，タンパク質の量が減少していることを確認する．
③ 標的遺伝子産物の量の減少がみられたタイミングで細胞の表現型解析を行う．

4・2 RNAi 実験における注意点とその対応策

RNAi 実験においては，観察された表現型が目的遺伝子の発現抑制によるものかどうかについて十分な注意を払う必要がある．細胞内へ dsRNA を導入すること自体により，インターフェロン応答など何らかの非特異的な細胞応答が誘導されてしまう可能性があるからである．また，アンチセンス鎖やセンス鎖と部分的に相補的な配列をもつ標的遺伝子以外の mRNA に作用し，その発現を抑制してしまう（**オフターゲット効果**）可能性もある（図 4・2）．

a. 非特異的細胞応答への対策

dsRNA を導入したこと自体により非特異的に誘導された細胞応答と，標的遺伝子の発現抑制によりひき起こされた現象を区別するために，実験に用いる siRNA と同じ塩基比率で，何の遺伝子に対しても相補性をもたない siRNA（**スクランブル siRNA** とよぶ）を対照実験に用いる（図 4・3a）．なお，このような対照実験をネガティブコントロールとよぶ．また，哺乳動物細胞における RNAi 実験では siRNA や shRNA を使用することによりインターフェロン応答を回避しているが，それでもインターフェロン応答を誘導する場合がある．インターフェロン応答時にはある種の遺伝子群（インターフェロン応答遺伝子）の発現が誘導される．dsRNA

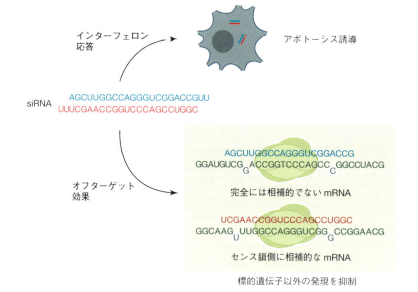

図 4・2　インターフェロン応答とオフターゲット効果

やshRNAを導入した際に，インターフェロン応答遺伝子の発現が誘導されていないことも確認する．

b. オフターゲット効果への対策

siRNAは完全に相補的な配列をもつ標的遺伝子のmRNAだけでなく，部分的に相補的な配列をもつ他の遺伝子由来のmRNAに対しても作用し，標的以外の遺伝子の発現を抑制してしまうことがある．オフターゲット効果が関与している可能性を除外するためには，標的遺伝子に対して複数種類のsiRNAを用いることが有効である．異なる配列のsiRNAが同じオフターゲット効果をひき起こすことは考え

非特異的細胞応答への対策	オフターゲット効果への対策

(a) ネガティブコントロールとしてスクランブルsiRNAを使用する

siRNA
AUGCAGUACGACAUGAUUCAGUU
UUUACGUCAUGCUGUACUAAGUC

↓ A×7個，U×5個
　 G×5個，C×4個

スクランブルsiRNA
UGCACGUAAAUGAACGUUGCAUU
UUACGUGCAUUUACUUGCAACGU

(b) 複数種類のsiRNAを使用する

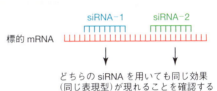

どちらのsiRNAを用いても同じ効果（同じ表現型）が現れることを確認する

(c) siRNA抵抗性の標的遺伝子を導入する

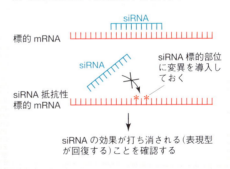

siRNAの効果が打ち消される（表現型が回復する）ことを確認する

図4・3　RNAi実験の特異性確認　siRNA導入による非特異的な細胞応答（インターフェロン応答）の関与を否定するには，(a) 実験に用いるsiRNAと同じ塩基比率（図中ではAが7個，Uが5個，Gが5個，Cが4個）で，何の遺伝子に対しても相補性をもたないスクランブルsiRNAをネガティブコントロールとして用いる．オフターゲット効果の関与を否定するには，(b) 標的mRNAの異なる部分と相補的なsiRNA（図中ではsiRNA-1, siRNA-2）を用いてRNAiを行い，どちらのsiRNAを用いた場合でも同じ表現型がみられることを確認する．また，(c) RNAiを行った細胞にRNAiに抵抗性の標的遺伝子を導入し標的遺伝子の発現を回復させる．

にくい．標的遺伝子中の異なる配列と相補性をもつ複数種類の siRNA を用いた実験を行い，同じ表現型がみられることを確認する（図 4・3b）．また，部位特異的変異導入により，翻訳されてくるアミノ酸配列が変わらないようにしつつ RNAi 標的配列のみを変えて RNAi 抵抗性をもつ遺伝子を作製する．この RNAi 抵抗性遺伝子をもつベクターを siRNA と同時に導入することで，siRNA の効果が打ち消されることを確認する（図 4・3c）．

化学合成した siRNA を用いる場合は，導入する siRNA を可能な限り低濃度にすることもインターフェロン応答やオフターゲット効果の抑制に有効である．

4・3　RNAi の実験例とその解釈

ある遺伝子 a がタンパク質 X の量の調節に関与しているかどうかを，RNAi による遺伝子 a の発現抑制実験で調べた（図 4・4）．手順は以下のとおりである．

① 遺伝子 a 中の異なる配列を標的とした 2 種類の siRNA とスクランブル siRNA を化学合成し，ヒト上皮細胞に導入する．
② siRNA 導入 72 時間後に細胞を破砕し細胞抽出液を得て，そこに含まれるタンパク質 X および遺伝子 a より産生されるタンパク質 A の量をウェスタンブロットにより検出する．

まず，タンパク質 A の量に着目しよう．未処理の細胞と，スクランブル siRNA を導入した細胞でのタンパク質 A の量は同じである．一方，遺伝子 a に対する siRNA を導入したものではタンパク質 A が減少している．また，siRNA-1 よりも siRNA-2 の方が大きく減少している．このことから，siRNA-1, -2 とも遺伝子 a に対する発現抑制効果があり，siRNA-2 の方がより高効率で遺伝子 a の発現を抑制できることがわかる．

次にタンパク質 X の量を見てみよう．未処理細胞やスクランブル siRNA 導入細胞に比較し，siRNA-1 導入細胞では中程度，siRNA-2 導入細胞では大幅にタンパク質 X が減少している．このことから，タンパク質 A の量が減少した際には，その減少量に応じてタンパク質 X の量も減少することがわかる．

次に，塩基配列への変異導入により siRNA-2 に対して抵抗性をもつ遺伝子 a の発現プラスミドを作製し，siRNA-2 と同時にヒト上皮細胞へ導入したところ，タンパク質 A の量は未処理細胞やスクランブル siRNA 導入細胞と同程度となり，タンパク質 X は減少しなかった．このことから siRNA-2 の導入によりみられたタンパク質 X の減少は遺伝子 a の発現抑制によるものであることが確認できる．

なお，GAPDH は細胞内で常に一定量が発現しているタンパク質で，GAPDH 量

を同時に確認することで各細胞のタンパク質量が同程度であることを確認している（ローディングコントロール）．

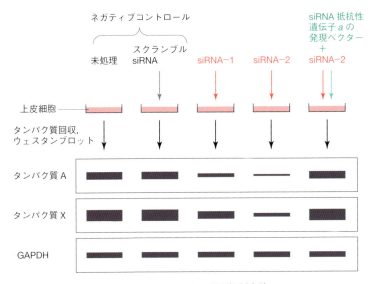

図 4・4　RNAi による発現抑制実験

演習問題

4・1 化学合成した二本鎖 RNA（siRNA）を細胞内に導入した際に，どのようにして目的遺伝子の発現が抑制されるかを説明しなさい．

4・2 実験室で培養可能な不死化脂肪前駆細胞株は，ある薬剤を添加し 10 日間培養することで脂肪細胞へ分化する．この不死化脂肪前駆細胞株を用いて，ある遺伝子 b の脂肪細胞分化における必要性を RNAi 実験により調べたい．脂肪前駆細胞の分化には 10 日間を要するため，長期間にわたり遺伝子 b の発現を抑制する必要がある．どのような方法で RNAi による遺伝子発現抑制を行うべきかを答えなさい．

4・3 RNAi により観察された表現型が目的遺伝子の発現抑制により誘導されたものであることを確認する際に，目的遺伝子の異なる部位を標的とする複数の siRNA を用いることが有効である理由を説明しなさい．

4・4 図 4・4 に示した実験において siRNA-1 を導入した際にはタンパク質 X の量に変化はなく，siRNA-2 と同時に siRNA に抵抗性の遺伝子 a の発現ベクターを導入した際にもタンパク質 X の量が減少したままであったとする．この場合，遺伝子 a の発現抑制によりタンパク質 X の量は減少すると結論づけて構わないか．

5 遺伝子導入とタンパク質の発現

概要 目的とする遺伝子の機能を知るためには，細胞内でタンパク質を発現して**機能の獲得**（gain of function）を調べる方法と，遺伝子を欠損または発現抑制して**機能の喪失**（loss of function）を調べる方法がある（表5・1）．遺伝子導入はこの両方に用いられるが，本章では機能獲得を目的とした大腸菌での発現，昆虫細胞での発現，哺乳動物細胞での発現に関して学習する．特にヒト遺伝子のさまざまな機能解析には，哺乳動物細胞での発現が非常に重要である．また，実験目的に応じて適切な遺伝子導入法を選択する必要がある．導入の際は，ゲノムDNAではなく，イントロンを除いたcDNAを用いる必要がある．

重要語句 GSTタグ，Hisタグ，一過性発現，安定的発現，リポフェクション法，エレクトロポレーション法，アデノウイルス，レトロウイルス

行動目標
1. 大腸菌でのタンパク質の発現法を説明できる．
2. 昆虫細胞でのタンパク質の発現法を説明できる．
3. いろいろな哺乳動物細胞へのタンパク質発現法の違いを理解して適用できる．
4. 一過性発現と安定的発現の違いを説明できる．

5・1 タンパク質発現法の比較

遺伝子から発現したタンパク質は折りたたまれる．真核生物では，折りたたまれたタンパク質に糖鎖等が結合して機能を発揮する場合も多い．これを**翻訳後修飾**という．翻訳後修飾には，糖鎖付加，リン酸化，ユビキチン化などがあり，タンパク質の構造や機能，分解などの生理機能に深く関わっている．原核生物では翻訳後修

表5・1 遺伝子の機能解析

遺伝子操作	原理	動物の例（*in vivo*）	細胞の例（*in vitro*）
機能の獲得 (gain of function)	目的の遺伝子を過剰発現	トランスジェニック動物（マウス，ショウジョウバエ，線虫，ゼブラフィッシュ等）	・培養細胞での過剰発現
機能の喪失 (loss of function)	目的の遺伝子を欠損，または発現抑制	・ノックアウト動物（マウス，ショウジョウバエ，線虫，ゼブラフィッシュ等） ・遺伝子サイレンシング	・培養細胞でのRNAi ・培養細胞での遺伝子サイレンシング

表5・2 タンパク質の発現法の比較

宿主生物	おもな用途	良い点	悪い点
原核生物（大腸菌）	・構造解析 ・抗体作製 ・タンパク質相互作用	・コストが安い ・スケールアップが容易 ・高い収量を得られる	・タンパク質が折りたたまれず凝集体をつくる場合も多い ・発現できるタンパク質の大きさなどに制限がある ・真核生物特有の修飾は起こらない ・正常な高次構造をとらないことがある
昆虫細胞	・構造解析 ・抗体作製	・哺乳動物細胞に類似のタンパク質合成系 ・大きなタンパク質の発現も可能 ・バキュロウイルスはヒトに感染しない	・バキュロウイルス作製に時間がかかる
哺乳動物細胞	・機能解析 ・タンパク質相互作用	・生理的なタンパク質合成系 ・さまざまな機能解析が可能	・発現量が比較的少ない ・コストが高い

飾は起こらないので，実験の目的に応じた宿主細胞の選択とタンパク質の発現方法を選ぶことが必要である．タンパク質の発現にはおもに大腸菌，昆虫細胞，哺乳動物細胞が宿主として用いられる（表5・2）．大腸菌での発現は，コストが安く収量が多いことから，構造解析や抗体産生のための抗原を得るために有用である．昆虫細胞での発現は，大腸菌では難しい真核生物特有の翻訳後修飾も可能である．また比較的分子量の大きなタンパク質の発現も可能である．

哺乳動物細胞での発現は，タンパク質を得るためではなく，細胞形態変化，増殖，細胞運動，細胞内局在解析など多くの解析目的で用いられる．哺乳動物細胞での発現には，染色体に取込まれない一過性発現と染色体に取込まれる安定的発現があり，それぞれの長所と短所がある（後述）．発現方法もリポフェクション法，エレクトロポレーション法，ウイルスを用いた発現など多くの手法があり，細胞によって発現効率が異なるため，タンパク質発現方法の選択はきわめて重要である．

5・2 大腸菌でのタンパク質発現法
【目的・原理】

大腸菌でのタンパク質の発現は，比較的低分子量のタンパク質を大量に得るために有用である．培地が安価である点からも，抗体作製時の抗原取得や構造解析等の解析に多用される．

GST（グルタチオン S-トランスフェラーゼ）や His（ヒスチジン）タグ等の**タグ**とよばれるペプチド鎖との融合タンパク質として発現する方法がよく用いられる（表5・3）．タグは"荷札"のことで，タグに特異的に結合する分子との組合わせで用いられる．タグに結合する分子をビーズと結合しておき，遠心で沈殿させると，ビーズに目的タンパク質が結合して得られる．GST の場合は酵素の基質であるグルタチオンを結合したグルタチオンビーズ，His タグの場合はヒスチジンと親和性の強いニッケルビーズが用いられる．ビーズを洗浄して不要なタンパク質を除

表5・3 融合タンパク質・タグの比較

融合タンパク質	長　　所	短　　所	結合ビーズ
GST	・発現しやすい ・可溶化しやすい ・GST を切り離すことが可能	・分子量が大きく電荷も強いため，実験に影響しやすい	・グルタチオンビーズ
His-タグ	・分子量が小さいので，実験に影響しにくい	・可溶化しにくい	・ニッケルビーズまたはコバルトビーズ

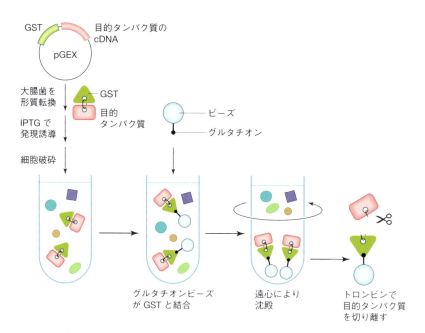

図5・1　大腸菌を用いた GST 融合タンパク質の発現とプルダウン

去した後,タグに応じた適切な方法でビーズから目的タンパク質を溶出させる.GST は分子量が大きく,電荷が強いため実験に影響を与えることが多いが,GST を酵素で切り離すこともできる.

　GST や His タグ配列をもつ専用のベクターに導入することで,GST や His タグと融合した目的タンパク質を発現させることができる.His タグは 6〜10 個のヒスチジン残基を含む短いペプチドである.His タグ融合タンパク質をニッケルビーズに吸着させ遠心沈殿した後,ヒスチジンと構造が類似しているイミダゾール溶液にビーズを懸濁して目的タンパク質を溶出する.

　二つの異なるタンパク質それぞれを GST タグあるい His タグと結合した融合タンパク質として発現し,どちらかの目的タンパク質を結合ビーズで沈降させた後に他方の目的タンパク質の抗体で検出することも可能である(p.40,実験例を参照).

【方　法】(図 5・1)
① 目的タンパク質の cDNA を発現ベクターに導入: pGEX ベクターにはマルチクローニング部位の前に GST の配列が配置してある.マルチクローニング部位に目的タンパク質の cDNA を挿入する(図 5・2).

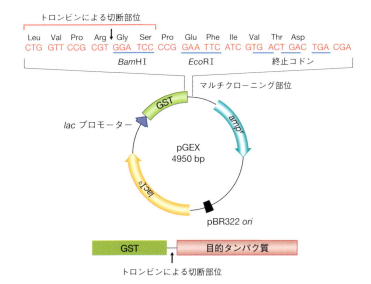

図 5・2　GST 融合タンパク質の発現(pGEX ベクター遺伝子地図)　黒い矢印の位置でトロンビン,ファクター Xa,PreScission プロテアーゼなどの酵素で切断することで,GST と目的タンパク質を切り離すことが可能.

② 形質転換：大腸菌に①のベクターを導入する．
③ IPTG（isopropyl β-D-1-thiogalactopyranoside）で発現誘導：発現ベクターを保持する大腸菌を培養し，対数増殖期になったら IPTG を添加して，タンパク質の発現を誘導する．IPTG は Lac リプレッサーと結合し，タンパク質発現を誘導する．
④ 大腸菌からタンパク質を精製：大腸菌を破砕した後，グルタチオンビーズと混合するとグルタチオンに GST が結合する．ビーズを遠心により沈殿させる．ビーズを洗浄後，酵素処理により GST を切断し，目的タンパク質を溶出する．マルチクローニング部位の前にトロンビンやファクター X などの酵素による切断部位が入っており，これらの酵素で GST を切断して目的タンパク質を切り離すことができる．

【実 験 例】

タンパク質 A とタンパク質 B が結合するかどうかを確かめたい．GST とタンパク質 A の融合タンパク質，His タグとタンパク質 B の融合タンパク質を大腸菌内で発現させ，グルタチオンビーズで沈殿したのち抗 His タグ抗体で検出した（図 5・3a）．対照として GST を用いた場合には結合タンパク質が存在しないが，GST-タンパク質 A 融合タンパク質を用いた場合には His タグ-タンパク質 B 融合タンパク質が結合し，グルタチオンビーズと一緒に沈殿した（結合していた）ことがわかる（図 5・3b）．

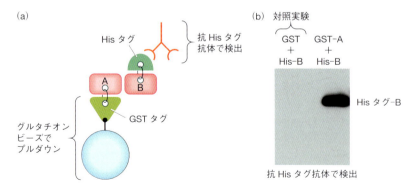

図 5・3　GST タグと His タグを用いたタンパク質 A, B の結合性確認実験

5・3 昆虫細胞でのタンパク質発現法

【目的・原理】

　昆虫細胞に感染するバキュロウイルスに目的タンパク質遺伝子を導入し，昆虫細胞に感染させて，その中で目的タンパク質を発現させる．昆虫細胞は哺乳動物細胞と似たタンパク質合成系をもち，翻訳後修飾もある程度可能であること，大腸菌よりも分子量の大きなタンパク質を発現できるなどの長所がある．またバキュロウイルスは昆虫細胞にしか感染しないので安全性も高い．組換えバキュロウイルスの作製に手間はかかるが，一度ウイルスを作製すると保存が可能で，何度でも発現ができる点も有用である．

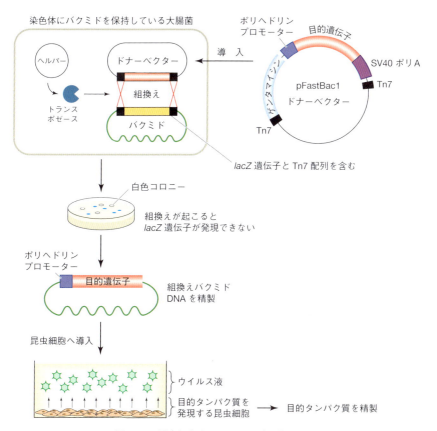

図5・4　昆虫細胞を用いたタンパク質の発現

【方　法】（図 5・4）

① ドナーベクターの作製：pFastBac ベクター（ドナーベクター）のマルチクローニング部位に目的タンパク質の cDNA（図中では目的遺伝子と表記）を導入する．
② 大腸菌の形質転換：バクミド（ウイルスをつくるベクター）を保持している大腸菌を，ドナーベクターで形質転換する．
③ 組換えバクミドの作製：大腸菌内で目的遺伝子の入ったドナーベクターとウイルスベクター間で組換えが起こり，目的遺伝子がウイルスベクターに挿入される（組換えバクミド）．ヘルパーはトランスポゼースを発現して Tn7 配列で組換えをひき起こす．組換えが起こると，ウイルスベクターに保持されていた *lacZ* 遺伝子の発現ができなくなり白色コロニーとなるので，組換えを起こした大腸菌細胞を判別できる（青白選択）．
④ 組換えバクミド DNA の精製と昆虫細胞への導入：大腸菌から組換えバクミド DNA を単離し，Celltectin II という導入試薬で昆虫細胞に導入する．
⑤ 昆虫細胞培養液上清からの組換えバキュロウイルスの回収と増幅：目的遺伝子が挿入されたバキュロウイルスは昆虫細胞から培養液に放出されるので，これを回収する．このウイルス液はまだウイルス数が少ないので，再び昆虫細胞の培養液に加えて感染させ，濃縮したウイルス液を作製する．このウイルス液は長期保存が可能である．
⑥ 昆虫細胞から目的のタンパク質を調製：バキュロウイルスを昆虫細胞に感染させ，目的タンパク質を発現させて精製する．タグを付けておくと精製が容易である．

5・4　哺乳動物細胞でのタンパク質発現法

　細胞増殖，細胞分化，アポトーシス，細胞形態，細胞内局在など，細胞内でのさまざまな機能解析を目的として哺乳動物細胞への遺伝子導入が行われる．マウスまたはヒトの株化細胞を用いることが多いが，初代培養細胞にも導入は可能である．

　方法は，リポフェクション法，エレクトロポレーション法，ウイルスを用いた導入法が一般的である．遺伝子導入効率の悪い細胞に対しては，リン酸カルシウム法やマイクロインジェクション法のほか，特殊な試薬・装置を用いる方法もある（表 5・4）．

　タンパク質の発現には，遺伝子が染色体に組込まれない**一過性発現**（transient）と，染色体に組込まれた**安定的発現**（stable）がある．安定発現細胞を得るためには，ベクターに薬剤耐性遺伝子を入れておき，薬剤選択を行う（図 5・5）．

5・4 哺乳動物細胞でのタンパク質発現法

表5・4 哺乳動物細胞への遺伝子導入方法の比較

遺伝子導入法	原理	長所/短所
普遍的なトランスフェクション法		
リン酸カルシウム法	細胞がDNAとリン酸カルシウムとの沈殿物をエンドサイトーシスで取込む性質を利用する	・古典的導入法で導入効率は低い
リポフェクション法	正電荷をもつリポソームと, 負電荷をもつ導入遺伝子で脂質-DNA複合体を形成し, 膜融合により取込ませる	・普遍的 ・コストが高い
エレクトロポレーション法	細胞とDNAの浮遊液に高電圧パルスを加えることで一過的に穿孔を生じさせてDNAを取込ませる	・簡便かつ遺伝子導入効率が良い ・比較的多くの細胞が必要
マイクロインジェクション法	導入遺伝子液を細いガラス針に入れ, 接着している細胞に直接針を刺してDNAを導入する	・確実に導入可能 ・手間がかかる
ウイルスを用いた遺伝子導入法		
アデノウイルス	アデノウイルスの感染力を利用する	・一過性発現 ・導入効率高い ・静止細胞や個体にも導入可能
レトロウイルス	レトロウイルスの感染力を利用する	・安定的発現 ・手間がかかる

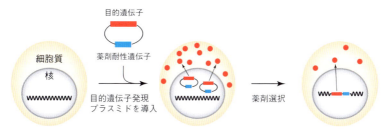

図5・5 一過性発現と安定的発現 目的遺伝子の入ったプラスミドを導入すると細胞は目的タンパク質を一過性に多量に発現する. その後タンパク質発現は減少するが, 遺伝子の一部は染色体に組込まれて安定的に発現する. 安定発現株を得るためには, ベクターに薬剤耐性遺伝子を入れておき, 薬剤を用いて選択を行う.

5・4・1 リポフェクション法

【目的・原理】

まず，正電荷をもつ脂質からできたリポソーム（脂質膜小胞）で負電荷をもつ導入遺伝子DNAを取囲んだ脂質-DNA複合体を形成させる．複合体は細胞膜表面の負電荷に引き寄せられて，細胞の食作用（エンドサイトーシス）により細胞内に取込まれる（図5・6）．

【方　法】

① 市販されているリポソーム試薬（リポフェクタミン等）と導入遺伝子DNAを混合してリポソーム-DNA複合体を作製する．
② リポソーム-DNA複合体を細胞に添加．複合体周囲の正電荷が細胞膜表面の負電荷に引き寄せられ，複合体は食作用（エンドサイトーシス）で細胞内に取込まれる．
③ 導入遺伝子が核に入り，タンパク質を発現する．

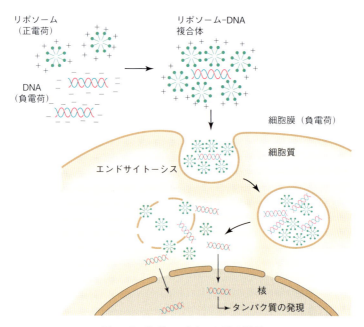

図5・6　リポフェクション法の原理

5・4・2 エレクトロポレーション法

【目的・原理】
　エレクトロポレーション用のキュベットに導入遺伝子DNAを混合した細胞浮遊液を入れ，高電圧パルスをかけて細胞の脂質二重膜に一過的に穿孔を生じさせることでDNAを取込ませる（図5・7左）．パルスが強いと導入効率は高くなるが細胞の損傷が大きく生存率が低下するので（図5・7右），細胞ごとに適切なパルスの電圧を設定する必要がある．簡便かつ遺伝子導入効率が良いが，細胞を浮遊液にしなくてはならず，またリポフェクション法に比べ多数の細胞を必要とする．

【方　法】
① 培養皿の底に接着した細胞は，トリプシンではがして細胞浮遊液を作製する．
② エレクトロポレーション用のキュベットに，導入遺伝子DNAを添加した細胞浮遊液を入れエレクトロポレーション装置にセットして高電圧パルスをかける．
③ 脂質二重膜に穿孔が生じ，孔を通じて遺伝子DNAが細胞に入る．
④ すぐに細胞を培養皿に播いて培養する．

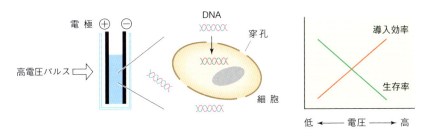

図5・7　エレクトロポレーション法の原理と適切なパルスの設定

5・4・3 マイクロインジェクション法

【目的・原理・方法】
　導入遺伝子DNA溶液を細いガラス針に入れ，接着細胞の核に針を刺して直接DNAを導入する（図5・8）．細胞の損傷も比較的少なく発現効率はきわめて高いが，一つ一つの細胞に入れるので大変手間がかかり，タンパク質を精製するなどの生化学的な解析はできない．

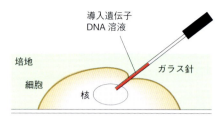

図 5・8 マイクロインジェクション法の原理

5・4・4 ウイルスを用いた遺伝子導入法

【目的・原理】

ウイルスを用いた遺伝子導入法には,おもにアデノウイルス,レトロウイルス,を用いる.前節までの方法では直接導入できない細胞にウイルスの感染力を用いて遺伝子を導入する.アデノウイルスは染色体に組込まれない持続性の長い一過性の発現で,細胞増殖する細胞だけでなく細胞増殖をしない細胞や動物個体にも導入できる.レトロウイルスは染色体に組込まれて遺伝子は安定的に発現するが,細胞増殖する細胞だけに導入可能である.

【アデノウイルスを用いる方法】(図 5・9)

ここではアデノウイルスベクターシステムを用いた大腸菌内での相同組換え法の概略を示す.目的遺伝子の入ったアデノウイルスベクターを直接パッケージング細胞に入れてウイルスを作製する方法もある.

① 目的遺伝子をシャトルベクター(pShuttle 等)のマルチクローニング部位に挿入する.シャトルベクターとは異なった 2 種の宿主細胞で複製できるベクターのことである.

② アデノウイルスを作製するバックボーンベクター(pAdEasy-1)を保持している大腸菌を目的遺伝子の入ったシャトルベクターで形質転換する.大腸菌中では二つのベクターがもつ left arm および right arm 相同領域間で組換えが起こる.

③ 大腸菌細胞中で組換えを起こしたベクターを精製後,制限酵素 *Pac*I で切断して直鎖状にする.*Pac*I での切断によって,LITR を起点(左端)として,プロモーター,目的遺伝子,(right arm),アデノウイルス DNA,(left arm),RITR の終点(右端)となる.(LITR は left inverted terminal repeat の略.RITR は right inverted terminal repeat の略)

④ この直鎖状 DNA をアデノウイルス作製に必要な *E1* 遺伝子をもつパッケージング細胞（AD-293 細胞，ヒト胎児腎細胞由来）に導入する．すると，目的遺伝子の入った LITR から RITR までの領域をもつアデノウイルスが放出される．
⑤ AD-293 細胞の培養液上清からウイルスを回収し，もう一度 AD-293 細胞に感染させてウイルスの力価（濃度）を高くしたウイルス液を得る．
⑥ 発現させたい細胞にウイルス液を添加する．使用するアデノウイルスは *E1* 遺伝子をもっている AD-293 細胞以外では増殖できないので，感染させた細胞でウイルスが増殖することはなく，一過性発現が起こる．

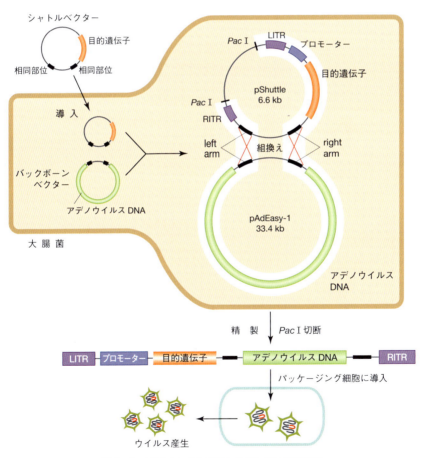

図 5・9 アデノウイルスによるタンパク質の発現

【レトロウイルスを用いる方法】(図5・10)
① 目的遺伝子をレトロウイルスベクターのマルチクローニング部位に挿入する.
② パッケージング細胞にレトロウイルスベクターを導入し,目的遺伝子の入ったウイルス粒子を作製する.レトロウイルスベクターはパッケージングシグナルをもち,これが目印になってウイルス粒子に組込まれる.目的の遺伝子が入ったウイルス粒子が細胞内で形成されることをパッケージングという.
③ パッケージング細胞の培養液上清からウイルス粒子を回収.
④ 発現させたい細胞に回収したウイルス粒子を添加し,レトロウイルスの感染力で目的遺伝子を導入する.レトロウイルスは逆転写酵素の作用でDNAとなり宿主細胞ゲノムに組込まれ,目的タンパク質を発現する.レトロウイルスは

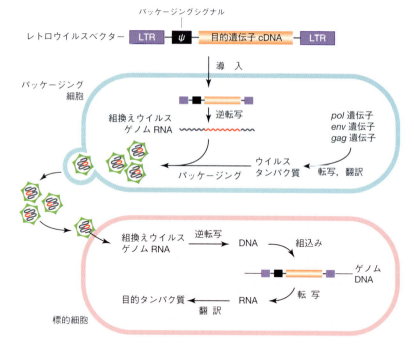

図5・10 **レトロウイルスによるタンパク質の発現** パッケージング細胞はゲノム上にウイルスの *gag* 遺伝子, *pol* 遺伝子, *env* 遺伝子をもっており,ウイルス粒子の形成に必要なタンパク質を発現している.パッケージングシグナル(ψ)をもちLTR (long terminal repeat) に挟まれた領域はRNAゲノムとしてパッケージングされてウイルス粒子として細胞外に放出される.ウイルス粒子が細胞に感染すると,RNAゲノムから逆転写酵素によって二本鎖DNA (dsDNA) となり,細胞ゲノム中に組込まれる.組込まれた目的遺伝子からタンパク質が発現する.

gag, *pol*, *env* 遺伝子をもっているパッケージング細胞以外では増殖できないので，感染させた細胞内でウイルスは増殖しない．

5・4・5 哺乳動物細胞への遺伝子導入とタンパク質発現の実験例

がん悪性化因子 Zic5 が，細胞接着に重要な E カドヘリンの発現量を減らすことで細胞を動きやすくしていることが予想されたため，*Zic5* 遺伝子をがん細胞に導入し E カドヘリン量を調べた．Zic5 発現株では E カドヘリンの発現量が減少した（図 5・11）．Zic5 は細胞接着を負に制御していると考えられる．

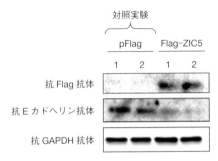

図 5・11 哺乳動物細胞への遺伝子導入　リポフェクション法を用い，メラノーマ細胞にがん悪性化因子 *Zic5* 遺伝子を Flag タグ融合タンパク質として導入し，安定的発現株（Flag-Zic5）を 2 種類単離した．Flag-Zic5 融合タンパク質の発現は抗 Flag 抗体によるウェスタンブロットで検出している．Flag-Zic5 発現株では，E カドヘリンの発現が有意に減少していることが抗 E カドヘリン抗体によるウェスタンブロット法でわかる．pFlag は Flag タグのみを導入したコントロールで，Flag 単独では分子量が小さすぎて検出されない．また，ローディングコントロール（p.37 参照）として GAPDH を用いた．

演習問題

5・1 タンパク質発現のために大腸菌を形質転換する際，ゲノム DNA ではなく cDNA を用いる．なぜゲノム DNA を用いないのか，理由を説明しなさい．

5・2 哺乳動物細胞にエレクトロポレーション法で遺伝子を導入したところ，ほとんどの細胞が死んでしまった．どのような原因が考えられるか．また，どのように対応すれば遺伝子導入株を効率良く得ることができるか説明しなさい．

5・3 目的遺伝子を組入れたバキュロウイルス，アデノウイルス，レトロウイルスを作製した．これらのウイルスを，株化され増殖性の高いマウス線維芽細胞あるいは分化し増殖性がなくなったヒトケラチノサイトに添加した．タンパク質発現ができないと予想されるウイルスと細胞の組合わせはどれか．また，その理由を述べなさい．

6 タンパク質検出法と機能解析(1)

概要 細胞内や組織中にどのようなタンパク質がどれくらい存在しているかを測定することは細胞機能を知るために必須である．タンパク質の検出には，ある特定のタンパク質を検出する場合と網羅的に解析する場合がある（表6・1）．特定のタンパク質を検出するためには，そのタンパク質に特異的な抗体を使った抗原抗体反応に基づく方法を用いるのが一般的である．網羅的な解析としてはプロテオーム解析がある．

ここでは，特定のタンパク質の量を比較するために行う ELISA 法とウェスタンブロット法を紹介する．これらは汎用される代表的なタンパク質解析手法である．なお，細胞内や組織中の特定タンパク質の局在を検出することを目的とする免疫組織染色法は第7章で，免疫沈降法は第9章で解説する．

重要語句 抗原抗体反応，ポリクローナル抗体，モノクローナル抗体，ELISA 法，ウェスタンブロット法

行動目標
1. 抗原抗体反応を説明できる．
2. ポリクローナル抗体とモノクローナル抗体の違いを述べることができる．
3. ELISA 法の原理と目的，おもなステップを説明できる．
4. ウェスタンブロット法の原理と目的，おもなステップを説明できる．

表6・1 おもなタンパク質の解析方法と特徴

解析方法	原理	検出するタンパク質	おもな目的	検出媒体
ELISA 法	抗原抗体反応	特定タンパク質の量，あるいはその抗体量	・抗原あるいは抗体の定量	・96穴プレート
ウェスタンブロット法	抗原抗体反応	特定のタンパク質	・タンパク質の大きさ ・タンパク質の定量	・ナイロン膜上
免疫組織化学染色法	抗原抗体反応	特定のタンパク質	・細胞・組織での局在 ・概量の比較	・切片上，細胞内
免疫沈降法	抗原抗体反応	特定のタンパク質	・結合するタンパク質の同定	
プロテオーム解析	質量分析	網羅的タンパク質	・網羅的なタンパク質量の変動	

6・1 抗原抗体反応

抗原抗体反応は，抗原とそれに対する抗体との非常に特異性の高い鋭敏な反応である．抗原抗体反応は生理的にも重要であるが，その結合性の強さと結合特異性を利用して，ある特定タンパク質を検出するための実験手段として汎用される．

分子量の大きな一つのタンパク質を抗原としてマウスやウサギ等に注射して免疫反応を誘導すると，同じタンパク質の異なった部位（認識部位，**エピトープ**とよぶ）に結合するさまざまな抗体が血液中に産生する．抗体を産生する免疫細胞であるB細胞が複数存在するので，異なるエピトープに結合する抗体の混合物となり，これを**ポリクローナル抗体**とよぶ．これに対して，一つのB細胞由来の抗体産生細胞を選び出してクローン化したものは一つのエピトープに結合する．これを**モノクローナル抗体**とよぶ（表6・2）．

表6・2 モノクローナル抗体とポリクローナル抗体の比較

抗体の種類	抗体認識部位数（エピトープ），抗体クローン数	抗体作製に用いる動物	実験用途（一次抗体として）
モノクローナル抗体	一　つ	おもにマウス	ELISA法 ウェスタンブロット法 免疫組織化学染色法
ポリクローナル抗体	複　数	おもにウサギ，ヒツジ等	ウェスタンブロット法 免疫組織化学染色法 免疫沈降法

モノクローナル抗体を得るためにはハイブリドーマ細胞を用いる．**ハイブリドーマ細胞**は，マウスB細胞と無限の細胞増殖能をもつマウスミエローマ（がん細胞）とを細胞融合してできた不死化細胞である．B細胞はさまざまな特異性をもつ抗体を産生しているので，ハイブリドーマ細胞もさまざまな特異性をもつ抗体を産生している．その中から，特定のエピトープと結合するハイブリドーマ細胞を選び出す．するとそのハイブリドーマ細胞は一つのエピトープと結合する1種類の抗体を産生する細胞となる．選択されたハイブリドーマ細胞から分泌される抗体をモノクローナル抗体とよぶ．

抗体は，アミノ酸約10~15個程度の一次配列を認識する場合とタンパク質の立体構造を認識する場合がある．アミノ酸の一部であるペプチドを抗原として作製した抗体は立体構造をとっているタンパク質を認識できなかったり，逆に立体構造を認識する抗体は変性タンパクを認識できなかったりすることがある．生体内ではタ

ンパク質は立体構造をとっているが，ウェスタンブロット法ではタンパク質が変性する．したがって，抗体を作製する際にどのような抗原を用いるかによって利用できる実験が限られる場合がある．

6・2 ELISA法

【目的・原理】

ELISA法 (enzyme-linked immunosorbent assay, エライザ法と読む) は，抗原抗体反応を用いて，細胞や細胞上清・血清などの生体試料中のタンパク質量を特異的かつ定量的に測定する手法である．逆に，あるタンパク質に対する抗体の量を測定するためにも使われる．非常に簡便であるため，実験のみならず臨床検査などにも利用される．

96穴プレート (96の試料穴をあけたプラスチック板) の穴 (ウェルとよぶ) に目的タンパク質を固定し，そのタンパク質に対する抗体 (**一次抗体**) を抗原抗体反応により結合させる．次に酵素などで標識した**二次抗体**を一次抗体に結合させ，基質を加えて酵素反応で溶液を発色させる．色素濃度を分光光度計で測定することで，目的タンパク質量を定量する．量が不明の抗原タンパク質を固定してその量を測定する場合と，既知の抗原タンパク質を固定しておいて，一次抗体の量を定量する場合がある．

【方　法】（図6・1）

① 抗原の固定：ELISA用96穴プレートのウェルに目的タンパク質 (抗原) を入れ，一晩放置し，タンパク質を吸着・固定する．タンパク質の電荷によって，タンパク質がウェルに吸着する．

② ブロッキング：抗体が非特異的にウェルに結合するのを防ぐために，安価で酵素活性を示さないタンパク質であるウシ血清アルブミン (BSA) や脱脂粉乳を

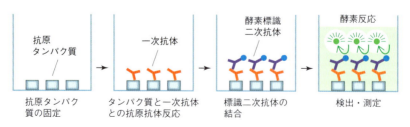

図6・1　ELISA法の基本原理

6・2 ELISA法

加える．

③ 一次抗体との抗原抗体反応：目的タンパク質に対する抗体（精製抗体，血清，ハイブリドーマ細胞培養上清など）を結合させる．抗原抗体反応は結合性が高いので，通常は室温15〜30分で十分であるが，場合によっては4℃で一晩反応させる．またウェルに非特異的に吸着する二次抗体の量を知るため（バックグラウンドコントロールとよぶ）一次抗体を入れないウェルを必ず用意する．

④ 標識二次抗体との抗原抗体反応：最後の検出過程で発色反応に用いる酵素としては西洋ワサビペルオキシダーゼ（HRP），アルカリホスファターゼ（AP）を使うのが一般的である．一次抗体の種類に応じた二次抗体を選択する．たとえば一次抗体としてマウスモノクローナル抗体を用いた場合は，HRP標識抗マウス抗体やAP標識抗マウス抗体を用いる．また感度を上げるために，ビオチン標識二次抗体を使い，酵素標識ストレプトアビジンと複合体を形成するキット類も多く市販されている．ストレプトアビジンに複数のビオチンが結合する性質を用いて，一次抗体に多数の酵素を結合させることで感度が上がる．

⑤ 検出・測定：酵素標識二次抗体の場合は，酵素の基質を添加して反応させることにより産物を発色または発光させる．一般的には発色基質を用いることが多い．発光基質は感度が高いが，シグナルが比較的短時間で減弱する[*]．

　この方法は抗体量の測定を行う場合には定量性が高いが，96穴プレートにタンパク質を固定するときに他のタンパク質が多く含まれる場合には，他のタンパク質が目的タンパク質に対する抗体の結合を妨害するので検出感度が下がる．そこで混合物中の微量なタンパク質量を測定するには，§6・3に述べるサンドイッチ法を用いる場合が多い．

【実 験 例】

　図6・2に実際のELISA法による酵素標識の検出例を示す．目的タンパク質に対する抗体を産生しているハイブリドーマ細胞を選別する実験である．抗原となる目的タンパク質を固定した96ウェルプレートの各ウェルに一次抗体として抗体産生ハイブリドーマからの上清を加え，HRP標識抗マウス抗体，基質を加え発色した．黄色に発色したウェルは目的タンパク質に対する抗体が含まれている（抗体産生ハイブリドーマ由来の上清である）ことを示す．

---

[*] これらの原理に関しては第I巻§12・3 "プローブでの検出法"を参照．

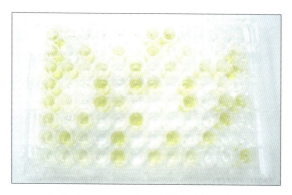

図 6・2 ELISA 法を用いた抗体産生細胞（ハイブリドーマ）の選別

6・3 サンドイッチ法

【目的・原理】

　サンドイッチ法は ELISA の変法で，抗体をプレートのウェルに固定し，試料を添加後再び，エピトープの異なる別の抗体でタンパク質を挟む方法である．その後標識二次抗体を結合させてから基質を加えて発色する．何か特定のタンパク質量を定量するための ELISA キットとして市販されているものはこの原理を用いている．血清や細胞上清中の微量なタンパク質（サイトカインなど）の定量を行うときに用いられる．

【方　法】（図 6・3）

① 抗体の固定：ELISA 用 96 穴プレートのウェルに目的タンパク質（抗原）に対する抗体（固定抗体）を吸着・固定する．
② ブロッキング：非特異的にタンパク質がウェルに結合するのを防ぐために，ウシ血清アルブミン（BSA）や脱脂粉乳を加える．
③ 固定抗体とタンパク質との抗原抗体反応：血清や細胞上清中の微量タンパク質をウェルに固定した抗体に結合させる．
④ タンパク質と一次抗体との抗原抗体反応：目的タンパク質に対する抗体を結合させる．固定に用いた抗体とはエピトープ（抗原決定基）が異なる抗体を用いる．エピトープと抗体の結合が互いに影響しないことも重要である．
⑤ 標識二次抗体との抗原抗体反応：ELISA 法と同様に酵素標識二次抗体を結合させる．

⑥ 検出・測定: ELISA法と同様に酵素反応により発色させ，色素濃度を分光光度計で測定する．

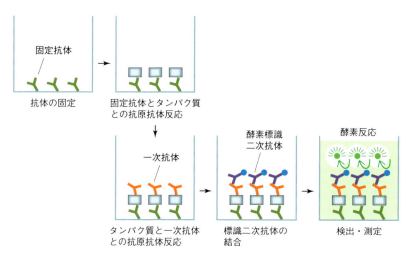

図6・3 サンドイッチ法の基本原理

6・4 ウェスタンブロット法

【目的・原理】

ウェスタンブロット法は，目的とするタンパク質の量と分子量を知るための基本的な解析方法である．多くのタンパク質を含む試料液を電気泳動で分子量に応じて分離した後，PVDF（ポリフッ化ビニリデン樹脂）膜へ転写する．次に目的タンパク質に対する抗体で抗原抗体反応を行い酵素反応を用いて検出する（図6・4）．

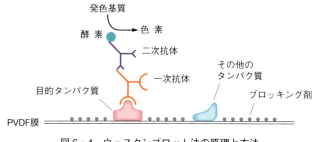

図6・4 ウェスタンブロット法の原理と方法

【方　法】（図6・5）
① タンパク質の分離：多種類のタンパク質を含む試料液から，SDS-ポリアクリルアミドゲル電気泳動により，目的タンパク質（抗原）を分子量依存的に分離する．SDS（sodium dodecyl sulfate）はタンパク質に結合して変性させ，均一な負電荷を与えるので，SDSを含む溶液中で電気泳動するとタンパク質は分子量に依存して分離する．
② PVDF膜への転写：アクリルアミドゲル上のタンパク質をPVDF膜に転写する．電気的にタンパク質を移動させる転写装置を用いる．タンパク質はSDSが結合して負電荷を帯びているので，陽電極側にPVDF膜を置く．
③ ブロッキング：抗体が非特異的にPVDF膜に結合するのを防ぐために，ウシ血清アルブミン（BSA）や脱脂粉乳を加える．
④ 一次抗体との抗原抗体反応：目的タンパク質に対する抗体を結合させる．（一次抗体を直接酵素標識しておけば，時間の節約になる．また二つのタンパク質に対する抗体にそれぞれ別の酵素を結合させることで，1回のブロッティングで二つの目的タンパク質を同時に検出することもできる．）
⑤ 標識二次抗体との抗原抗体反応：HRP標識抗体を使うのが一般的であるが，感度を増幅するためのさまざまなキットも市販されている．
⑥ 検出・測定：酵素の反応基質を添加して発色または発光させる．検出装置を用いれば発光基質を用いて目的タンパク質の量（バンドの太さ）を定量することもできる．

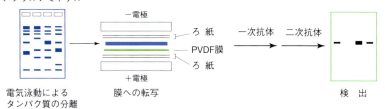

図6・5　ウェスタンブロットの方法

【実　験　例】
　悪性度の異なる3種類の大腸がん細胞の培養細胞からタンパク質を抽出し，SDS-電気泳動の後，抗Eカドヘリン抗体と抗PLCδ1抗体を用いてウェスタンブ

ロット解析を行った（図6・6）．EカドヘリンはE細胞接着（細胞の動きやすさ）に関与するタンパク質，PLCδ1はがん細胞に抑制的に働くタンパク質である．βアクチンはどのような細胞でも一定量発現していることが知られているタンパク質で，電気泳動に用いた細胞量が一定であることを確認している（ローディングコントロール）．がん細胞の悪性度が増加するに従って両タンパク質の発現量が減少することが判明した．

図6・6 ウェスタンブロット法を用いた二つの目的タンパク質，EカドヘリンとPLCδ1の発現量の解析例

演習問題

6・1 抗原抗体反応を利用した実験にはどのようなものがあるか列挙しなさい．

6・2 ELISA法を行ったところ，まったくシグナルが観察されなかった．原因として考えられることを列挙しなさい．

6・3 ウェスタンブロット解析を行ったところ，本来の目的タンパク質の分子量のバンド以外に何本かの別のバンドが検出された．どのような可能性が考えられるか考察しなさい．

6・4 ポリクローナル抗体，モノクローナル抗体はどのようなものか，説明しなさい．

7 タンパク質検出法と機能解析（2）

概要 あるタンパク質が細胞内や組織中のどこに存在するかは，そのタンパク質の機能を知るための有力な手がかりである．抗体を用いた染色により標的タンパク質の存在場所を観察できる．また，標的タンパク質に蛍光タンパク質や目印となるペプチド（タグ）を融合して，細胞内に発現させることにより，存在場所を観察することも可能である．多数の細胞での複数種類の標的タンパク質の発現量をフローサイトメトリーで定量的に測定することもできる．

重要語句 細胞染色法，直接検出法，間接検出法，免疫組織化学染色法，組織切片，フローサイトメトリー

行動目標
1. 細胞染色法を説明できる．
2. 免疫組織化学染色法を説明できる．
3. フローサイトメトリーによるタンパク質の検出方法を説明できる．
4. 上記タンパク質検出法を用いた実験データの解釈ができる．

7・1 細胞染色法

【目的・原理】

　細胞染色法とは培養細胞内の標的タンパク質を蛍光や発色を用いて観察する方法である．あるタンパク質が細胞内のどこに存在するか（局在）を知ることはそのタンパク質の機能を知るための有力な手がかりとなる．また，活性化することによって細胞内の特定の部位へ移動するような性質をもつタンパク質の場合は，細胞内の局在から活性化の程度を推定することができる．

　細胞染色法には，標的タンパク質を特異的に認識する抗体（**一次抗体**）を用いる．一次抗体に蛍光色素や発色基質代謝酵素を付加しておくことにより，標的タンパク質を検出できる（**直接検出法**）（図 7・1）．また一次抗体を認識する抗体（**二次抗体**）に蛍光色素や発色基質代謝酵素を付加することにより間接的に標的タンパク質を検出する方法もある（**間接検出法**）．一つの一次抗体に対して複数の二次抗体が結合するため，直接検出法よりも検出感度が高い．細胞染色の工程はウェスタンブロット法と似ているが，ウェスタンブロット法では細胞を破砕した抽出液を用いる

ので，標的タンパク質が細胞内のどこに存在しているかという位置情報は得られない．

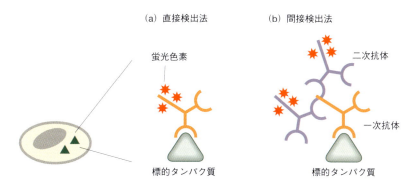

図7・1 直接検出法と間接検出法 直接検出法では，標的タンパク質に特異的な抗体（一次抗体）に蛍光色素を付加しておく．間接検出法では，一次抗体を認識する抗体（二次抗体）に蛍光色素を付加しておく．

【方　法】（図7・2）

① 細胞内のタンパク質を化学的に架橋し，タンパク質の動きを止める．この操作を化学固定とよぶ．
② 抗体を細胞内へ浸透させるために界面活性剤を用いて細胞膜の透過性を高める処理を行う（細胞表面のタンパク質を検出したい場合にはこの処理は必要ない）．
③ ウシ血清アルブミン（BSA）などのタンパク質を細胞に添加することにより，タンパク質が吸着しやすい細胞内の部位をあらかじめブロックし，抗体が標的タンパク質以外に非特異的に結合するのを防ぐ（ブロッキング）．
④ 一次抗体（標的タンパク質に対する抗体）を標的タンパク質に結合させる．
⑤ 二次抗体（一次抗体を認識する抗体）を一次抗体に結合させる．
⑥ 二次抗体に蛍光色素を付加してある場合は，蛍光顕微鏡で観察する．二次抗体に発色基質代謝酵素を付加してある場合は，発色基質を加えることにより発色させ観察する．

　細胞内の標的タンパク質の検出の成否は一次抗体の特異性に大きく依存する．特異性の高い良質な一次抗体がない場合は，標的タンパク質を発現するベクターを細胞へ導入し，発現してきた標的タンパク質を検出する方法がある（図7・3）．標的タンパク質には目印となるペプチド等（**タグ**）を遺伝子工学的に付加しておき，タ

7. タンパク質検出法と機能解析(2)

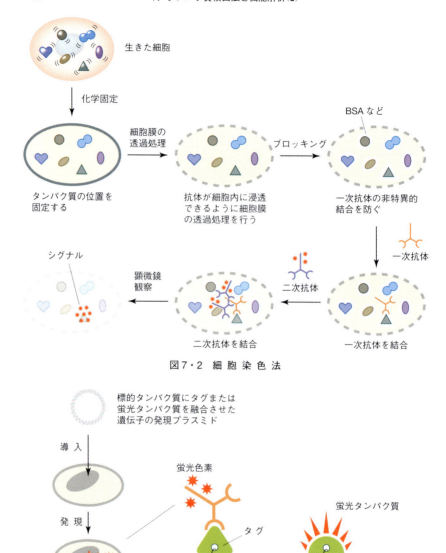

図7・2 細胞染色法

図7・3 発現ベクターを用いる検出法　標的タンパク質にタグや蛍光タンパク質を融合させた遺伝子を発現するプラスミドを細胞内へ導入し，抗タグ抗体や蛍光を用いて標的タンパク質を検出する．

グに対する抗体を用いて検出する．タグに対する良質な抗体は市販されている．また GFP（green fluorescence protein，緑色蛍光タンパク質）などの蛍光タンパク質をタグとして用いれば，蛍光で検出することもできる．この手法では，細胞の固定・抗体染色という工程がないため，細胞が生きたままの状態で標的タンパク質の量と場所を観察できる．時間経過に伴う細胞内での動きを調べたい場合などに非常に有用である．

【実験例】
　表皮細胞ではある刺激を加えることにより細胞同士が接着する．そこで，細胞間の接着に関与するタンパク質である E カドヘリンの存在を，抗 E カドヘリン抗体と蛍光色素を付加した二次抗体を用いて間接検出法により検出した（図 7・4）．その結果，刺激を加えていない表皮細胞の接着部位では蛍光がほとんどみられないのに対し，刺激を加えた表皮細胞では細胞同士が接着している部位に E カドヘリンの存在を示す蛍光（赤色）が明確に検出された．つまり，刺激した細胞の接着部分に E カドヘリンがあることがわかった．

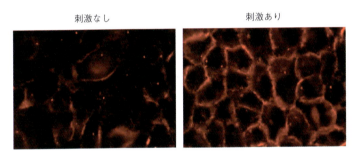

図 7・4　E カドヘリンの間接検出法による蛍光染色　刺激を加えていない表皮細胞と比較し，刺激を加えた表皮細胞では細胞と細胞の間に E カドヘリン抗体と二次抗体が結合した明るい赤色の染色がみられる．

7・2　免疫組織化学染色法

【目的・原理】
　免疫組織化学染色法（immunohistochemistry, **IHC**）は，蛍光や発色により組織中の標的タンパク質の存在量と場所を調べる方法である．個体の多くの組織は多種類の細胞から構成されている．あるタンパク質が組織中のどの部位，どの細胞に存在するかを知るためには組織構造を保ったまま標的タンパク質の位置を観察することが必要である．多くの場合，抗体の浸透性や染色後の観察のしやすさの観点から

組織を5〜10 μm厚に薄切した**組織切片**が用いられる．

　組織はやわらかいので，硬さをもたせなければ薄くは切れない．おもに用いられるのは凍結切片とパラフィン切片である．**凍結切片**は，組織を凍結させることにより，薄切に適した硬さをもたせる．**パラフィン切片**は，パラフィンに組織を包埋して固めて薄切する．凍結切片はタンパク質の抗原性がよく保持され，抗体が抗原を認識しやすいという利点がある．一方，水分が多い組織，硬い組織，脂肪が多い（凍らない）組織など，組織によっては形態の保持が難しいという欠点もある．パラフィン切片は組織の形態保持に優れている反面，包埋過程での有機溶媒処理や加温操作により標的タンパク質が変性して抗体認識部位（エピトープ）が覆われてしまう場合があり，エピトープを露出させるための処理（**賦活化処理**）が必要になることがある．

　標的タンパク質は抗体を用いた直接検出法または間接検出法により検出する．なお，間接検出法を用いても検出感度が不十分な場合も多い．その際は，ビオチン標識した二次抗体を反応させた後に，ビオチンと高い親和性をもつストレプトアビジ

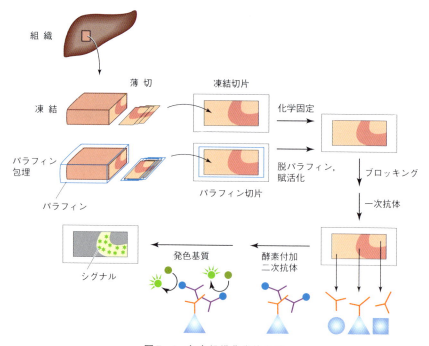

図7・5　免疫組織化学染色法

ンを発色基質代謝酵素や蛍光色素で標識したものを反応させ，シグナルをさらに増幅すると検出感度を上げることができる．

【方　法】（図7・5）
① 組織切片をスライドガラスに固定する．
② 凍結切片の場合はタンパク質を化学的に架橋する化学固定を行う．パラフィン切片の場合はパラフィンを取除く操作を行う．
③ パラフィン切片を用いる場合は，必要に応じて賦活化処理を行う．
④ 抗体が標的タンパク質以外に非特異的に結合するのを防ぐために，BSAなどを細胞に結合させることによりブロッキングを行う．
⑤ 二次抗体に付加する発色基質代謝酵素としてペルオキシダーゼを用いる場合は，過酸化水素を用いて組織中に存在する（内因性）ペルオキシダーゼの不活性化処理を行う．
⑥ 一次抗体を組織切片中の標的タンパク質に結合させる．
⑦ 二次抗体を組織切片中の一次抗体に結合させる．
⑧ 二次抗体に蛍光色素が付加されている場合は，蛍光顕微鏡により観察する．二次抗体に発色基質代謝酵素が付加されている場合は，発色基質を加えることにより発色させ観察する．

【実験例】
　健康な人と皮膚炎患者の皮膚のパラフィン切片におけるある脂質代謝酵素の存在量の変化を間接検出法により調べた．発色基質代謝酵素を付加した二次抗体を用い，標的タンパク質は薄い茶色で検出されている（図7・6）．健康な人の表皮では

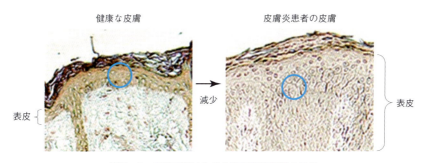

図7・6　皮膚組織における脂質代謝酵素の検出

強い染色がみられるのに対し皮膚炎患者の表皮では染色はほとんどみられなかった．この酵素の量は皮膚炎を起こした皮膚の表皮において減少していることがわかる．

7・3 フローサイトメトリー

【目的・原理】

フローサイトメトリーは細胞を1列に並ぶような状態で流路に流し，個々の細胞にレーザー光を照射して，細胞にレーザー光が当たった際に発生する蛍光を測定して標的タンパク質を検出する方法である．おもに細胞表面に露出した標的タンパク質を蛍光色素で標識した抗体を用いて検出することが多い．

表7・1にフローサイトメトリーと細胞染色の比較を示す．フローサイトメトリーによる解析では短時間で多数の細胞における蛍光強度を定量的に測定できるという利点がある．また異なる蛍光色素で標識した抗体を用いることにより複数の標的タンパク質を同時に検出することが可能である．さらに目的の蛍光を発する細胞のみを分取することが可能な装置もある．

表7・1 細胞染色とフローサイトメトリーの比較

	細胞染色の顕微鏡観察	フローサイトメトリー
標的タンパク質の存在量の測定	定量性は低い	正確
解析可能な細胞数	少ない	多い
同時に検出可能な標的タンパク質の数	数種類程度	10種類以上
標的タンパク質が存在する細胞を分取	不可能	可能
細胞内での存在部位	わかる	わからない
細胞内に存在する標的タンパク質の検出	可能	困難な場合も多い
接着状態の細胞における標的タンパク質の検出	可能	不可能

一方，細胞表面に露出したタンパク質の検出感度は良いが，細胞内に存在するタンパク質では抗体反応の適切な条件決定が困難なことが多く特異的な検出は困難である．また，接着細胞の場合は，解析にあたり酵素処理などにより細胞を浮遊させる必要がある．白血球は細胞種ごとに特有のタンパク質を細胞表面にもつため，白血球の細胞種の特定にはフローサイトメトリーがよく使われる．

【方 法】（図7・7）

① 浮遊状態の細胞を回収し，必要に応じて化学固定を行う．
② 細胞内の標的タンパク質を検出する場合は，界面活性剤などによる細胞膜の透過性を高める処理を行う．
③ 蛍光色素を付加した標的タンパク質に対する抗体を標的タンパク質に結合させる．
④ フローサイトメーターで蛍光の検出を行う．

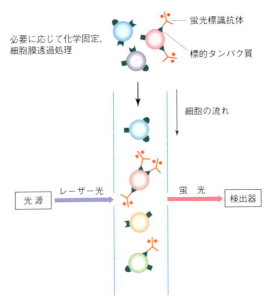

図7・7 フローサイトメトリーの原理

【実 験 例】

マウスにある薬剤を投与し，骨髄細胞中の顆粒球（白血球の一種）の割合の変化をフローサイトメトリーにより測定した．顆粒球の表面にはGr-1とCD11bというタンパク質が存在している．Gr-1とCD11bを異なる蛍光色素で標識し，薬剤の投与前と投与後で比較した．図7・8がその結果である．薬剤投与により骨髄中のGr-1抗体とCD11b抗体の両方の蛍光が検出される細胞（顆粒球）の数が減少している．

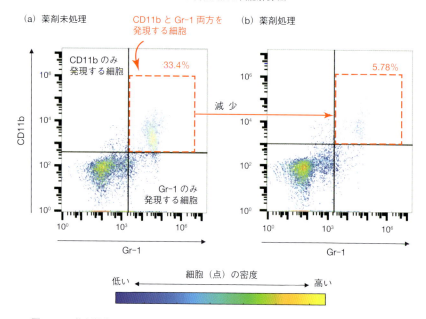

図 7・8 薬剤投与によるマウス骨髄中の顆粒球の割合の変化 マウス骨髄細胞に異なる蛍光色素で標識した抗 Gr-1 抗体と抗 CD11b 抗体を結合させた. 縦軸は細胞に結合した抗 CD11b 抗体の蛍光の強さ, 横軸は抗 Gr-1 抗体の蛍光の強さを示しており, 個々の細胞は発する蛍光の強さに応じた部分に点として示されている (各点は一つの細胞を示す). 細胞密度が高い部分の点は黄色に近い色で, 細胞密度が低い点は青に近い色で表されている. この表記法は密度の高い点を暖かい色で表し, 密度の低い点を冷たい色で表すのでヒートマップとよばれる. Gr-1 と CD11b の両方を高発現している細胞の数が薬剤処理していない場合 33.4% あったものが, 薬剤処理後 5.78% にまで低下している.

7・4 標的タンパク質の検出における注意点とその対応策

標的タンパク質の検出を行う際には, 観察された蛍光や発色が真に標的タンパク質の存在によるものであることの確認が重要である. その方法として, 標的タンパク質を認識しない抗体では蛍光や発色が観察されないことの確認や, 標的タンパク質をノックダウン (第 4 章参照) やノックアウト (第 12 章参照) すると蛍光や発色が観察されなくなることの確認などが行われる. また, タグを融合したタンパク質を細胞内に発現させる方法を用いた際には, タグの付加や大量発現の影響により本来とは異なる部位に存在する可能性に注意する必要がある.

演習問題

7・1 タンパク質Xの細胞内での存在部位を調べたいが，タンパク質Xを認識できる抗体は入手できない．タンパク質Xの細胞内での存在部位を知る方法としてどのような方法があるか説明しなさい．

7・2 タンパク質Yの遺伝子を破壊したマウス（ノックアウトマウス．第12章参照）は腎臓に異常がみられた．正常マウスでタンパク質Yが腎臓のどの細胞に存在するかを知るためにはどのような実験を行えばよいか．タンパク質Yに対する抗体は入手可能である．

7・3 ある培養細胞において，細胞表面に5種類の異なるタンパク質A, B, C, D, Eが同時に存在している細胞の割合を知りたい．このような目的に適すると思われる方法について具体的なやり方も含め説明しなさい．

7・4 下図はある白血球の前駆細胞と，前駆細胞から分化，成熟してきた白血球細胞の細胞表面タンパク質AとBをフローサイトメトリーにより検出したものである．前駆細胞から白血球に分化する際に，細胞表面のタンパク質AとBの量はどのように変化するか．

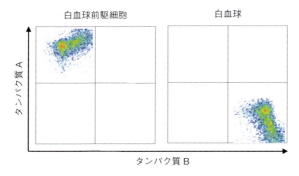

8 部位特異的変異の導入とその応用

概要 部位特異的変異導入法は，DNA 配列の特定の位置のヌクレオチドを，人工的に挿入・欠失あるいは別のヌクレオチドに置換する技術である．DNA 配列の一部を変異させることで，1) タンパク質の機能改変，2) 停止コドン，制限酵素認識配列などの挿入，3) 遺伝子プロモーター配列の解析などができる．

重要語句 部位特異的変異導入，タンパク質機能解析，プロモーター配列解析

行動目標
1. 部位特異的変異の導入法を説明できる．
2. 部位特異的変異の導入がどのように応用されるかを列挙できる．
3. 部位特異的変異導入用のプライマーを設計できる．

8・1 PCR を用いた部位特異的変異導入

　PCR では，プライマーが鋳型と完全に相補的でなくとも対合（二本鎖形成）することを利用して，DNA 配列の特定のヌクレオチドを改変することができる．これを**部位特異的変異導入**とよぶ．

【方　法】

① プライマーの設計：鋳型となる DNA の両端に相補的なプライマー a, c と，変異導入部位に相補的なプライマー b, b′ を化学合成する．b, b′ は鋳型配列と一部相補でない配列（変異，ミスマッチ，図 8・1 では▼で表している）を含み，互いに相補的なプライマーである．プライマーにミスマッチがあっても，変異部分の両側に相補配列があることで，鋳型に対合できる．

② 1回目の PCR：プライマー a と b で 3′ 側に変異の入った PCR 断片 1 を，プライマー b′ と c で 5′ 側に変異の入った PCR 断片 2 を増幅する．

③ 2回目の PCR：② でつくった PCR 断片 1 と 2 を中央部分で対合させて PCR を行うと，一方の PCR 断片の 3′ 末端をプライマーとして，互いに相手を鋳型とした複製が進行し（図 8・1，点線の矢印），中央部分に変異の入った PCR 断片 3 ができる．これを鋳型としてプライマー a と c で PCR することで，変異の入った PCR 断片 3 を増幅する．こうして，元の配列と異なった（▼）配列をも

つ DNA 断片を得ることができる．これを部位特異的変異導入とよぶ．なお，この方法は SOE（splicing overlap extension）法ともよばれる．

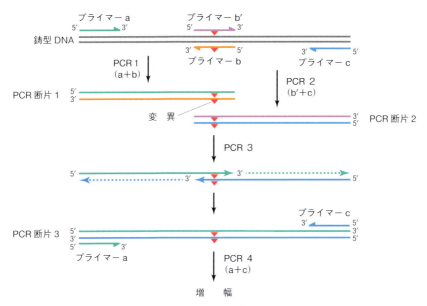

図 8・1　PCR を利用した部位特異的変異導入

8・2　部位特異的変異導入の応用例
8・2・1　タンパク質の機能解析

　タンパク質遺伝子に部位特異的変異導入することで，タンパク質の特定のアミノ酸や特定の部分の機能を調べることができる．以下にその例を示す．

　MFG-E8（milk fat globule-EGF factor 8）はマクロファージが分泌する可溶性タンパク質で，アポトーシスを起こした細胞とマクロファージを結合させて，貪食を促進する機能をもつと考えられている．MFG-E8 タンパク質の C 末端側には，C1，C2 とよばれる領域があり，この領域はアポトーシスを起こしている細胞の表面に露出するホスファチジルセリンと結合する（図 8・2）．一方，N 末端側にはアルギニン(R)，グリシン(G)，アスパラギン酸(D)という三つのアミノ酸が並ぶ RGD モチーフがある．RGD モチーフは多くの細胞接着分子に共通にみられる配列で，インテグリンと結合することが知られている．MFG-E8 タンパク質は，RGD モチーフを介してマクロファージ表面のインテグリンと結合すると推定された．

いま，MFG-E8 タンパク質がマクロファージのインテグリンと結合できなくなった場合に，マクロファージによるアポトーシス細胞の貪食にどのような変化が起こるか調べたい．そこで RGD モチーフを構成する 89 番目のアスパラギン酸(D)をグルタミン酸(E)に置換した変異体（MFG-E8-D89E 変異体，以下 D89E と略す）を作製することにした．

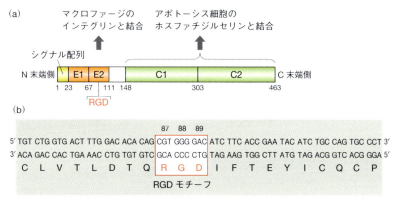

図8・2　MFG-E8 タンパク質の構造　(a) MFG-E8 の一次構造上にドメイン構造を示した図．(b) RGD モチーフおよびその前後の DNA 配列と翻訳後のアミノ酸配列．一次構造および DNA 配列に添えた数字はアミノ酸残基の番号を表している．

① プライマーの設計：アスパラギン酸をコードするコドン GAC を，グルタミンをコードするコドン GAA に変異させるため，図8・3のようなプライマー a, b, b′, c を合成する．b, b′は鋳型と異なる配列を含み，互いに相補的なプライマーである．

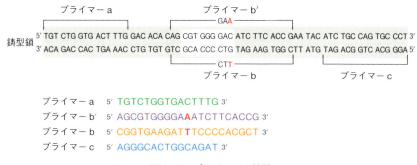

図8・3　プライマーの設計

② 1回目のPCR: プライマーaとbで3′側に変異の入ったPCR断片1が，プライマーb′とcで5′側に変異の入ったPCR断片2が増幅される（図8・4）．

図8・4　PCRによる変異の導入

③ 2回目のPCR: ②でつくったPCR断片1と2を中央部分で対合させPCRを行うと，一方のPCR断片の3′末端をプライマーとして，互いに相手を鋳型とした複製が進行し，中央部分に変異の入ったPCR断片ができる．これを鋳型にプライマーaとcでPCRすると，変異の入ったPCR断片が増幅する（図8・5）．

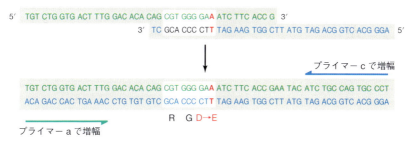

図8・5　変異PCR断片の増幅

【この部位特異的変異導入実験でわかること】

マクロファージはホスファチジルセリンを表面に露出するアポトーシス細胞を貪食処理する．D89Eタンパク質はアポトーシス細胞表面のホスファチジルセリンには結合できるが，RGDモチーフが変異しているため，マクロファージのインテグリンには結合できない．上述で作製した変異PCR断片を挿入したD89E発現プラスミドを，哺乳動物細胞に形質転換してD89Eタンパク質を大量精製する．D89Eタンパク質を添加したアポトーシス細胞とマクロファージを共培養すると，マクロファージによる貪食が阻害された．アポトーシス細胞のホスファチジルセリンにD89Eタンパク質が結合して，マクロファージとの結合を邪魔したためと考えられる．この実験から，MFG-E8タンパク質がアポトーシス細胞とマクロファージを

架橋して，アポトーシス細胞の貪食を促進する機能をもつ分子であることが確かめられた[*1]．

8・2・2 プロモーター配列解析

転写因子 Maf は MARE 配列（Maf 認識配列，Maf recognition element）とよばれる特定の DNA 配列に結合して標的遺伝子の転写を促進する．Maf 欠損マクロファージではエンドトキシン刺激によるケモカイン CCL8 産生が著しく減弱する．Maf が *CCL8* 遺伝子のプロモーターに直接結合して，*CCL8* の転写を促進するかを検討したい．

① まずデータベースから *CCL8* 遺伝子の DNA 配列を入手する．*CCL8* 遺伝子のプロモーター領域を検索したところ，開始コドン（ATG）の約 200 塩基上流に MARE 配列（TGCTGAG）が存在することがわかった（図 8・6）．

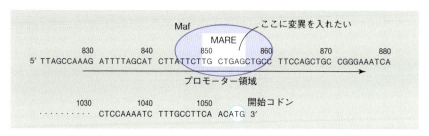

図 8・6 *CCL8* 遺伝子のプロモーター領域に存在する MARE 配列

Maf が，実際に CCL8 の発現制御に関与するかどうかを調べるため，*CCL8* 遺伝子の上流にある *CCL8* プロモーター配列の中の MARE 配列を，部位特異的変異導入法を用いて変異させることにした．

② PCR プライマーを設計する．5′-TGCTGAG-3′ を，MARE 配列とは無関係の，たとえば GAAGAGA（これはある程度自由に決めてよい）に書き換えるため，プライマー a, b, b′, c を図 8・7 のように設計する．b, b′ は鋳型配列（TGCTGAG）とは異なる配列（GAAGAGA）をもち，互いに相補的なプライマーである．両側のプライマー a, c は 10 ヌクレオチド，変異導入部のプライマー b, b′ は非相補的な配列の両側に，相補的な配列を付加した 24 ヌクレオチド[*2] とした．

[*1] §8・2・1 は R. Hanayama らの研究〔*Nature*, **417**, 182–187(2002)〕を題材に，教科書向けにアレンジした実験である．

[*2] 図を簡略化するため 24 ヌクレオチドと短くしたが，実際には非相補的な配列の左右それぞれに 20 ヌクレオチド以上の相補配列を付加することが必要である．

8・2 部位特異的変異導入の応用例

③ プライマーペアaとb でPCRすると3′側に変異をもつPCR断片1が，プライマーペアb′とc でPCRすると5′側に変異をもつPCR断片2ができる（図8・8）．
④ PCR断片1と2を中央部分で対合させてPCRすると，一方のPCR断片の3′末端をプライマーとして，互いに相手を鋳型とした複製が進み，中央部分に変異

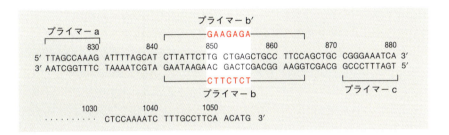

プライマーa　5′ TTAGCCAAAG 3′
プライマーb′　5′ CTTATTCT**GAAGAGA**CTGCCTTCC 3′
プライマーb　5′ GGAAGGCAG**TCTCTTC**AGAATAAG 3′
プライマーc　5′ TGATTTCCCG 3′

図8・7　プライマーの設計

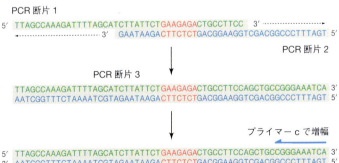

図8・8　変異PCR断片の増幅

の入った PCR 断片 3 ができる．これを鋳型にプライマー a と c で PCR すると，MARE 配列に変異が入った PCR 断片が増幅する（図 8・8）．

【この部位特異的変異導入実験でわかること】
　CCL8 プロモーターの下流にルシフェラーゼ遺伝子を挿入したプラスミドと，Maf を発現するプラスミドで細胞を形質転換し，Maf が *CCL8* プロモーターからの転写を活性化するかどうかを，ルシフェラーゼの活性を指標に評価した（レポーターアッセイについては第 3 章を参照）．変異のない *CCL8* プロモーターの下流にルシフェラーゼ遺伝子を挿入したプラスミドで形質転換した細胞で Maf を発現させると，ルシフェラーゼ活性が高くなった．一方，MARE 配列に変異を入れた *CCL8* プロモーターの下流にルシフェラーゼ遺伝子を挿入したプラスミドで形質転換した細胞では，ルシフェラーゼ活性が検出されなかった．この実験から Maf が，*CCL8* プロモーター領域の MARE 配列に結合し，*CCL8* の転写を促進すると推定された．

演習問題

8・1　部位特異的変異導入で何ができるか列挙しなさい．

8・2　下図に示す配列（赤い部分）に点変異を導入し，制限酵素 *Bam*HI（GGATCC 配列を認識する）で切断できるようにしたい．変異導入に必要なプライマーを設計しなさい．ただし，両端のプライマーは 10 ヌクレオチド，中央部分のプライマーは点変異導入部から両側に 10 ヌクレオチドずつの 21 ヌクレオチドとする．さらにそのプライマーを使って，点変異を導入する方法を説明しなさい．

5′- CGTCGTTTTACAACGTCGTGACTGGGAACCCTGGCGTTACCCAACGCTTTAGG -3′
3′- GCAGCAAAATGTTGCAGCACTGACCCTTGGGACCGCAATGGGTTGCGAAATCC -5′

8・3　下図に示す配列の GAC（アスパラギン酸のコドン）を終止コドン（TGA）に置換するのに必要なプライマーを設計しなさい．ただし，両端のプライマーは 10 ヌクレオチド，中央部分のプライマーは変異導入部から両側に 6 ヌクレオチドずつの 15 ヌクレオチドとする．さらにそのプライマーを使って，終止コドンに置換する方法を説明しなさい．

5′- ATAAGCATCGTCGTTTTACAACGTCGTGACTGGGAAAACCCTGGCGTTACCCAAC -3′
3′- TATTCGTAGCAGCAAAATGTTGCAGCACTGACCCTTTTGGGACCGCAATGGGTTG -5′

9 タンパク質間結合の解析法

概要 タンパク質の多くは，単独で働くのではなく他のタンパク質と協働する．そこで機能のわからないタンパク質の機能を調べるのに，そのタンパク質が直接的または間接的に結合するタンパク質を探索し，それを手がかりにして機能を予測することがしばしば行われる．タンパク質間結合を調べる代表的な方法として酵母ツーハイブリッド法，プルダウン法，免疫沈降法，FRET 法がある．

重要語句 酵母ツーハイブリッド法，プルダウン法，免疫沈降法，FRET 法

行動目標
1. 酵母ツーハイブリッド法を説明できる．
2. プルダウン法を説明できる．
3. 免疫沈降法を説明できる．
4. FRET 法の原理を説明できる．

9・1 酵母ツーハイブリッド法

【目的・原理】

酵母ツーハイブリッド法とは**レポーター遺伝子**の発現を指標に，タンパク質間の結合を酵母内で検出する方法である．

酵母の転写活性化因子である **GAL4** は DNA 結合ドメインと転写活性化ドメインからなり，転写活性を示すには両方のドメインが必要である．GAL4 の DNA 結合ドメインと転写活性化ドメインをそれぞれタンパク質 A とタンパク質 B との融合タンパク質として発現させると，タンパク質 A とタンパク質 B が結合する場合にのみ GAL4 の DNA 結合ドメインと転写活性化ドメインが近づき，GAL4 は転写活性を示すようになる（図 9・1）．GAL4 が結合するプロモーターの下流に，アミノ酸合成酵素の遺伝子（**栄養選択遺伝子**）などをレポーター遺伝子として組込んでおくことで，タンパク質間の結合を酵母コロニーの生育により簡便に検出できる．また，レポーター遺伝子として β-ガラクトシダーゼ遺伝子を併用することにより，酵母コロニーの発色でもタンパク質間の結合を確認できる（タンパク質の結合があればコロニーが青くなる）．

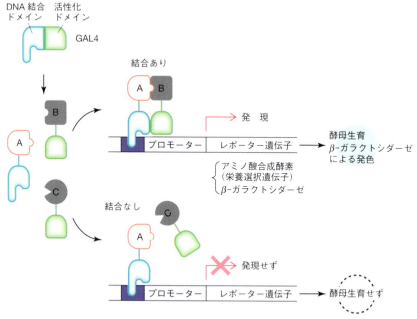

図9・1　レポーター遺伝子転写誘導の原理

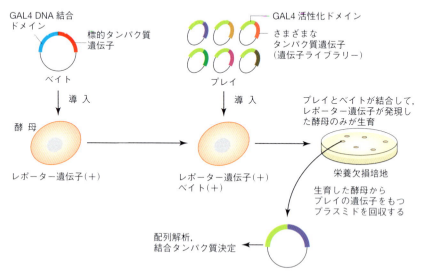

図9・2　酵母ツーハイブリッド法の流れ

酵母ツーハイブリッド法は標的タンパク質の大量精製や高力価の抗体を必要とせず，標的タンパク質の cDNA 配列さえ入手できれば結合するタンパク質の探索が可能である．

一方，酵母の核内という特殊な環境で検出するため，細胞膜上など酵母の核内とは著しく異なる環境で行われるタンパク質間結合はうまく検出されないことがある．また，哺乳動物細胞特有の翻訳後修飾は酵母細胞中では起こらない．タンパク質の折りたたみがうまくいかない，結合に必要な他の因子が酵母細胞中にはないなどにより，結合が検出できない場合もある．また，酵母ツーハイブリッド法では，本来哺乳動物細胞内では結合しないタンパク質間の結合が検出される（擬陽性）頻度も高く，別の方法によって結合の真偽を確認することが不可欠である．

【方　法】（図 9・2）
① 栄養選択遺伝子を欠損し，GAL4 プロモーターの下流にレポーター遺伝子をもつ酵母株に GAL4 の DNA 結合ドメインと融合した標的タンパク質（ベイト：餌）を発現する遺伝子を導入する．
② さまざまなタンパク質を GAL4 の転写活性化ドメインと融合した状態で発現する遺伝子ライブラリー（プレイ：獲物）を，①で作製したベイト発現酵母に導入する．
③ 栄養欠損培地での生育によりレポーター遺伝子を発現した酵母コロニーを選択する．
④ ③で生育してきた酵母からプラスミドを回収し，DNA 塩基配列を調べ，標的タンパク質と結合するタンパク質候補を決定する．

9・2　プルダウン法
【目的・原理】
プルダウン法は標的タンパク質を担体に固定し，そこに試料を加えることで，標的タンパク質と結合するタンパク質を捕捉，単離する方法である．具体的には GST（グルタチオン S-トランスフェラーゼ）などの目印となる"タグ"を融合させた標的タンパク質を，タグと結合する担体〔GST タグの場合は GST の基質（グルタチオン）を共有結合した担体（グルタチオンビーズ）〕に固定する．続いて，細胞や組織の抽出液を加えることで，標的タンパク質と結合するタンパク質を担体上に捕捉する．

【方　法】（図 9・3）

GST タグを付加した標的タンパク質を用いたプルダウン法の手順を以下に示す．
① GST と融合した標的タンパク質の発現，精製を行う．
② グルタチオンビーズに①の GST 融合標的タンパク質を加える．グルタチオンに GST が結合するのでグルタチオンビーズ上に標的タンパク質が固定される．
③ 標的タンパク質が固定されたグルタチオンビーズに細胞抽出液や精製タンパク質を加える．標的タンパク質と結合するタンパク質がグルタチオンビーズ上に捕捉される．
④ SDS 等の変性剤やグルタチオンを加える．ビーズから標的タンパク質および結合タンパク質が外れ，溶出する．

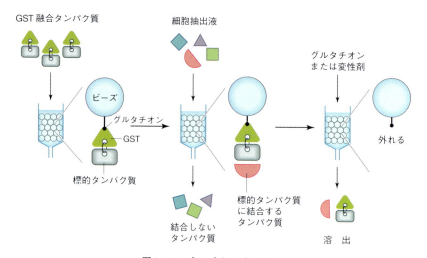

図 9・3　プルダウン法の流れ

標的タンパク質との結合が予想されるタンパク質が想定されている場合は，ウェスタンブロットによりそのタンパク質の検出を行う．得られたタンパク質を質量分析により同定すれば，標的タンパク質に結合する新たなタンパク質を探索することもできる．また標的タンパク質との結合が予想されるタンパク質（タンパク質 X とする）を精製し，担体に固定した標的タンパク質と反応させることにより，標的タンパク質とタンパク質 X との間の直接結合の有無を知ることもできる．プルダウン法は十分な量の標的タンパク質を準備することさえできれば，高力価の抗体を必要とする免疫沈降法よりも簡便である．

9・2 プルダウン法

一方でプルダウン法は *in vitro* におけるタンパク質間の結合を検出する方法であるため，その結合が実際に生体内でも起こっているかどうかは別の方法で検証する必要がある．

【実験例】

タンパク質 X に結合するタンパク質を探索したい．GST タグを融合したタンパク質 X および GST タグのみ（対照用）を大腸菌で発現，精製し，グルタチオンが結合したビーズに固定した．そこに培養上皮細胞の抽出液を加えた後，ビーズに結合したタンパク質を変性剤を含む溶液にて溶出した．溶出したタンパク質を SDS-PAGE により分離し，銀染色（タンパク質の高感度な染色法）による検出を行った（図 9・4）．

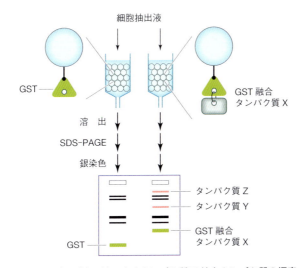

図 9・4　プルダウン法によるタンパク質 X 結合タンパク質の探索

GST タグ融合タンパク質 X を固定したビーズから溶出されてきたタンパク質のうち，GST タグのみを固定したビーズ（対照実験）から溶出されてきたタンパク質とは異なる分子量のタンパク質（タンパク質 Y，タンパク質 Z）がタンパク質 X と結合するタンパク質の候補と考えられる．なお，ビーズ，カラム，GST タグに結合するタンパク質はタンパク質 X の有無にかかわらず検出されてくる．

9・3 免疫沈降法

【目的・原理】

　免疫沈降法は抗体と標的タンパク質の抗原抗体反応を利用して標的タンパク質と結合するタンパク質を分離，精製する方法である．標的タンパク質に対する抗体を細胞や組織の抽出液に加え，抗体と標的タンパク質の複合体をつくらせる．その後，抗体の非可変部（Fc 部位）に結合するタンパク質である**プロテイン A** や**プロテイン G** を共有結合させたビーズを加え，抗体と標的タンパク質の複合体をビーズに結合させる．ビーズを遠心分離で回収することにより標的タンパク質を分離，精製する．このとき，標的タンパク質と結合するタンパク質も同時に分離，精製されてくる（図 9・5）．

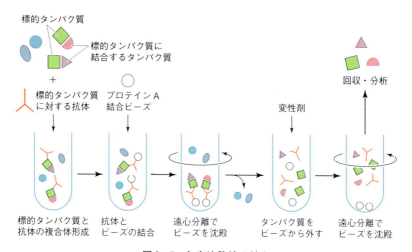

図 9・5　免疫沈降法の流れ

　多くの場合，免疫沈降法はあらかじめ標的タンパク質に結合するタンパク質の候補が想定されている際に用いられる．免疫沈降法により分離，精製されてきた試料に対して，想定される候補タンパク質を認識する抗体を用いウェスタンブロットを行えば，候補タンパク質が標的タンパク質と実際に結合するかを調べられる．

　タンパク質間の結合を *in vitro* で検出するプルダウン法と比較し，免疫沈降法では細胞や組織内で標的タンパク質と結合しているタンパク質を検出できるという利点がある．一方，免疫沈降法を実施するには標的タンパク質に対してだけ強く結合する特異的結合能の高い抗体が不可欠である．

9・3 免疫沈降法

【方　法】（図9・5）
① 細胞や組織を細胞溶解液で処理し，抽出液を得る．
② 標的タンパク質に対する抗体を加え，抽出液中に含まれる標的タンパク質との複合体を形成させる．
③ プロテインAまたはプロテインGを共有結合させたビーズを加え，標的タンパク質-抗体複合体をビーズに結合させる．
④ 遠心分離によりビーズを回収する．抽出液中のタンパク質のうちビーズに結合していないタンパク質（●，●）はこの段階で除かれる．
⑤ 標的タンパク質-抗体複合体が結合したビーズにSDSなどの変性剤を加え，遠心分離を行い，ビーズより溶出したタンパク質を回収する．
⑥ 結合タンパク質（▲，▲）をウェスタンブロットなどで検出する．

【実験例】
　プルダウン法によりタンパク質Xと結合するタンパク質を探索したところ，候補タンパク質としてタンパク質Yとタンパク質Zが得られた（図9・4）．タンパク質YとZが生体内でもタンパク質Xに結合するのかを確かめたい．そこでタンパク質X，Y，Zの発現がみられる培養上皮細胞の抽出液にタンパク質Xに対する抗体，プロテインA結合ビーズを順次加え，その後，変性剤を含む溶液にてビーズに結合したタンパク質を溶出した．この際，ネガティブコントロールとしてタンパク質Xを認識しない抗体（正常IgG：プロテインAとは結合する）を用い，同様の操作を行った．その後，タンパク質X，Y，Zに対する抗体を用いたウェスタンブロットにより，溶出したタンパク質中のタンパク質X，Y，Zを検出した（図9・6）．抗体やプロテインA結合ビーズを加える前にあらかじめ一部とっておいた培

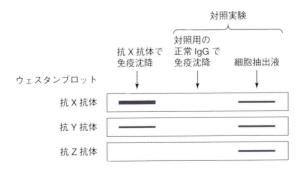

図9・6　免疫沈降法によるタンパク質Xとタンパク質Yの結合の検出

養上皮細胞の抽出液中のタンパク質 X, Y, Z の検出も同時に行いウェスタンブロットが正常に行われていることの確認も行った．

　タンパク質 X に対する抗体を用いて免疫沈降した試料ではタンパク質 X とともにタンパク質 Y が検出されたがタンパク質 Z は検出されなかった．一方，正常 IgG を用いて免疫沈降した試料ではタンパク質 X，タンパク質 Y，タンパク質 Z とも検出されなかった．このことからプルダウン法により *in vitro* での結合がみられていたタンパク質 X とタンパク質 Y が細胞内でも結合することが確認された．一方，タンパク質 X とタンパク質 Z は細胞内では結合しない可能性が高いと考えられた．

9・4　FRET（蛍光共鳴エネルギー移動）法

【目的・原理】

　蛍光共鳴エネルギー移動（fluorescence resonance energy transfer, **FRET**）とは蛍光分子の一つ（**ドナー**）を励起した際に，その蛍光分子が発するエネルギーが近接する蛍光分子（**アクセプター**）に移動し，アクセプターの蛍光が検出される現象である．FRET はドナーの蛍光スペクトルとアクセプターの励起スペクトルの重なりが大きく，ドナーとアクセプターが 10 nm 以下の近距離に存在する際に観察される．ドナーと融合させた標的タンパク質と，標的タンパク質と結合するタンパク質をアクセプターと融合させたタンパク質を細胞内に同時に発現させると，これら二つのタンパク質が結合した場合に FRET シグナルが観察され，結合を検出できる（図 9・7）．FRET 法の利点は，目的のタンパク質間の結合を生きた細胞の中でリアルタイムに知ることができる点にある．

【方　法】

　ドナーとして CFP（シアン色蛍光タンパク質），アクセプターとして YFP（黄色蛍光タンパク質）という異なる蛍光タンパク質を用いた FRET について，刺激に応じた FRET シグナルの変化を簡便にとらえる手順を以下に示す．

① 細胞に"CFP＋標的タンパク質"を発現するプラスミドと，"YFP＋標的タンパク質と結合するタンパク質"を発現するプラスミドを導入する．
　CFP（cyan fluorescent protein：励起波長 452 nm，蛍光波長 505 nm）
　YFP（yellow fluorescent protein：励起波長 514 nm，蛍光波長 527 nm）

② CFP を励起した際の CFP と YFP の蛍光を蛍光顕微鏡にて同時に観察し，刺激の前後における CFP と YFP の蛍光強度の比（YFP の蛍光強度／CFP の蛍光強度）の変化を測定することで刺激に応じたタンパク質間結合の変化を検出する．

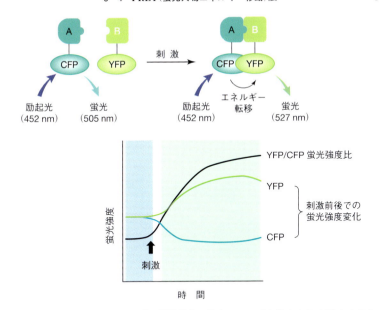

図9・7 FRET法によるタンパク質間結合の検出 タンパク質AとBが結合するとCFPとYFPが近接し，CFPのエネルギーがYFPに転移する．その結果，CFPの蛍光強度は低下し，CFPからのエネルギーを受けたYFPは蛍光を発する．したがって，YFPとCFPの蛍光強度の比はタンパク質AとBの結合により増加する．

【実験例】

プルダウン法，免疫沈降法によりタンパク質Xとタンパク質Yが結合することが確認された（図9・4，図9・6）．タンパク質Xは通常は細胞質に存在しており，増殖因子による刺激に応じて細胞膜へ移行する性質をもつ．またタンパク質Yは常に細胞膜に存在するタンパク質である．そこで，タンパク質Xとタンパク質Yが刺激に応じて細胞膜で結合する可能性を想定し，細胞膜における両タンパク質の結合を調べることにした．

CFPと融合させたタンパク質XとYFPと融合させたタンパク質Yを培養細胞に発現させ，増殖因子を加える前後においてCFPを励起した際のCFPとYFPの細胞膜における蛍光を蛍光顕微鏡で観察し，蛍光強度比の変化を測定した．図9・8に示すように増殖因子による刺激により細胞質におけるCFPの蛍光強度が減弱し，細胞膜でのYFPの蛍光強度が増強した．したがって刺激に応じて細胞質のCFP融

合タンパク質 X が細胞膜へ移動し，YFP 融合タンパク質 Y と結合することが推定された（図 9・8）．

表 9・1 に本章で説明した四つの方法の特徴を比較した．

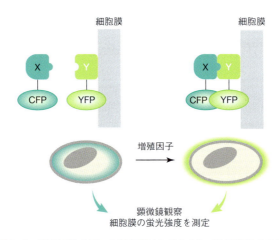

図 9・8 FRET 法を用いた細胞膜におけるタンパク質間結合の検出

表 9・1 タンパク質間結合検出法の比較

	結合の場	未知の結合タンパク質の探索	直接結合の確認	簡 便 性
酵母ツーハイブリッド法	酵母核内	可 能	難しい	○
プルダウン法	in vitro	可 能	可 能	△ （大量のタンパク質が必要）
免疫沈降法	細胞内	可 能 （高力価の抗体が大量に必要）	難しい	× （高力価の抗体が必要）
FRET 法	細胞内	難しい	難しい	× （詳細な条件検討が必要）

演習問題

9・1 タンパク質 X と結合するタンパク質の探索を行いたい．タンパク質 X をコードする遺伝子の cDNA のみが入手できた．入手した cDNA を用い，大腸菌，昆虫細胞，哺乳動物細胞などで GST 融合タンパク質 X を得ようとしたが，GST 融合タンパク質

Xは不安定であり大量にタンパク質を得ることはできなかった．一方，酵母内でタンパク質Xを発現させることは可能であった．このような条件において，どのような方法で結合タンパク質の探索を行うことが可能であるか．

9・2 タンパク質Xとタンパク質Yは大腸菌で発現，精製することができる．このような条件において，タンパク質Xがタンパク質Yと直接結合するかどうかを知るためにはどのような方法が適しているか．

9・3 ヒトの上皮細胞内に存在しているタンパク質Xとタンパク質Yが結合するかを調べたい．タンパク質Xに対し高い特異的結合能をもつ抗体が入手できる場合，どのような方法で結合を調べるのが適切であると考えられるか．

9・4 タンパク質Xとタンパク質Yの細胞膜における結合について，刺激に応じた変化を経時的に調べたい．現在，遺伝子導入効率の高い哺乳動物細胞，哺乳動物細胞にCFP融合タンパク質XとYFP融合タンパク質Yを発現させることができるプラスミド，蛍光強度を測定可能な蛍光顕微鏡が利用可能である．どのような方法で結合を調べるのが適切であると考えられるか．

10 遺伝子発現の網羅的解析法

概要 21世紀初頭に達成されたゲノムプロジェクトによって、生物の全ゲノム配列が明らかになった。その結果、大量の遺伝子情報を一度に処理し、解析する技術が必要になった。その一つとして、全遺伝子の発現情報を一度に調べることのできる DNA マイクロアレイとよばれる解析技術が開発された。DNA マイクロアレイにより、異なる試料間での遺伝子発現の違いを網羅的に調べることで、疾患などに関与する遺伝子群やシグナル伝達経路を同定することが可能である。

重要語句 DNA マイクロアレイ、DNA チップ、ハイブリダイゼーション、ターゲット DNA、プローブ DNA

行動目標
1. DNA マイクロアレイの原理を説明できる。
2. DNA マイクロアレイで得られたデータを解釈できる。

10・1 DNA マイクロアレイ

DNA マイクロアレイとは、スライドガラス程度の小さなガラス基板上に数百～数万種類もの DNA 断片を並べたものである。個々の DNA はガラス基板に 1 mm よりも小さい円形に固定されている（図 10・1）。基板上に固定する DNA を**ターゲット DNA**、ターゲット DNA を固定した一つ一つの点を"スポット"、スポットを固定したこの基板を **DNA チップ**もしくは**マイクロチップ**（以下チップ）とよぶ。

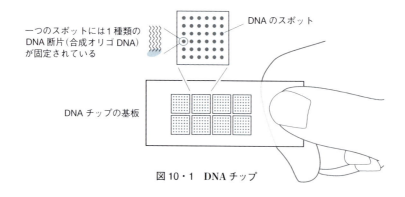

図 10・1 DNA チップ

小さいスポットを多数，高密度で配置する（アレイ）ことで，少量の試料で多数の遺伝子発現の同時解析が可能となっている．

DNAマイクロアレイを用いることで，さまざまな遺伝子のmRNA発現量を一度に測定できる．ただし，ある遺伝子のmRNA発現量を絶対的に定量するのは難しいので，通常2種類の試料からmRNAを調製してその二つを比較する．多数の遺伝子の発現量を比較することから，2種類の試料間で発現レベルの異なる遺伝子群を同定できる．たとえば，がん患者と健常者に由来する細胞の遺伝子発現情報を比較して，がん患者の細胞に特異的に強く発現している遺伝子群を同定する（図10・2）．こうしてがんに関わる遺伝子の候補を探し出すことができる．

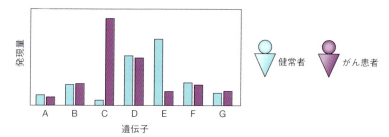

図10・2 **疾患原因遺伝子の同定**　健常者とがん患者の遺伝子発現量の違いをDNAマイクロアレイで定量した．このグラフから，遺伝子Cはがん患者で強発現し，反対に遺伝子Eの発現は減弱していることがわかる．この場合，遺伝子Cは細胞の悪性化に，遺伝子Eはがんの抑制に重要な役割を担う可能性が考えられる．

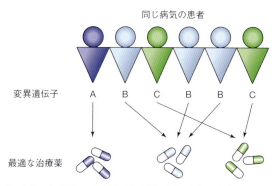

図10・3 **プレシジョン医療への応用の可能性**　同じ病気の患者でも，遺伝子発現量の違いによっていくつかのサブグループに分けられる場合がある．変異遺伝子によって最適な治療薬を選択することで，患者に個別で最適な医療を行うことができるかもしれない．

また，さまざまな個人での疾患関連遺伝子の発現と治療結果の対応を調べることで，どのような疾患関連遺伝子が発現しているとどのような治療法が有効か，あるいはどのような薬剤が有効かという情報が得られる．こうした情報を蓄積すれば，患者の疾患関連遺伝子発現を分析することから，患者に個別で最適な治療方法を選択できるようになる．これを**プレシジョン医療**（precision medicine）とよぶ（図10・3）．

10・2　DNAマイクロアレイの原理と手法

DNAマイクロアレイ技術では，ハイブリダイゼーションによるDNAの検出原理と手法を用いている．

【方　法】（図10・4）

① まず，スライドガラスなどの基板上に，多数（数千〜数万種類）の異なる遺伝子に由来するcDNA，あるいは個々の遺伝子に特徴的な配列をもつ合成オリゴDNAを整列して固定する（図10・1参照）．

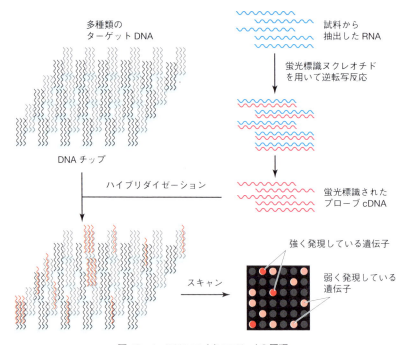

図10・4　DNAマイクロアレイの原理

② 次に，細胞や組織から抽出したmRNAや全RNAから，逆転写酵素を用いてcDNAを合成する．cDNAを合成する際に，蛍光色素を付けたヌクレオチドを取込ませてcDNAを標識する．蛍光標識cDNAのことを**プローブcDNA**とよぶ*．プローブには，RNAを抽出した細胞や組織によって異なる量の各種遺伝子cDNAが含まれることになる．

③ プローブcDNA溶液をチップに載せて反応させる．プローブcDNAの中に，チップに固定されたターゲットDNAと相補的な配列があれば，ハイブリダイゼーション（対合）する．ハイブリダイゼーションしなかったプローブDNAをよく洗い流し，乾燥させる．チップを装置に入れ，各スポットの蛍光強度を定量する．スポットにハイブリダイゼーションするプローブDNA量はmRNA発現量に比例するので，蛍光強度を指標に，個々の遺伝子のmRNA発現量を定量することができる．

10・3 データ解析

DNAマイクロアレイで得られるデータ量は膨大であり，数値のままでは，集団の遺伝子発現量の特徴を把握するのが困難である．集団間の遺伝子発現量の違いを視覚的に認識しやすくするためによく利用される方法を紹介する．

10・3・1 ヒートマップ

ヒートマップ（heat map）は発現量の数値データを色で視覚化した図である．試料間の発現量の相違や類似性を視覚化するのに用いられる．図10・5(a)では，発現量が高い場合に赤，発現量が低い場合には緑で示されている．中間では黒く表示される．

10・3・2 散 布 図

たとえば，異なる条件や異なる組織など二つの試料のDNAマイクロアレイデータについて，その発現量を対応させ，縦軸と横軸の直交座標で表記されるグラフにデータを点でプロットした図を**散布図**（scatter plot）とよぶ（図10・5b）．試料間で発現量の変動の大きい遺伝子を見つけ出すために用いられる．

---
* プローブの標識方法については第Ⅰ巻§12・5 "プローブ作製法" を参照．

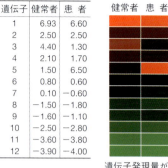
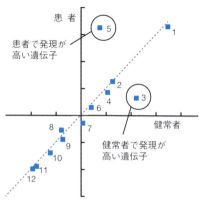

図10・5　ヒートマップと散布図　健常者と患者の遺伝子1番〜12番までの発現量を数値化した（左の表）．発現量の高さを赤と緑で視覚化したのがヒートマップである（a）．発現量の高い遺伝子を赤で，低い遺伝子を緑で表している．健常者と患者の間で発現量の異なる遺伝子は色が異なっていることから見分けがつく．二次元グラフにまとめたのが散布図である（b）．ほとんどの遺伝子は健常者と患者の間で発現量に差はないので，点線で示す対角線の近くにプロットされる．対角線から大きく外れた遺伝子（たとえば3番や5番の遺伝子）は，疾患の発症に関連する可能性がある．

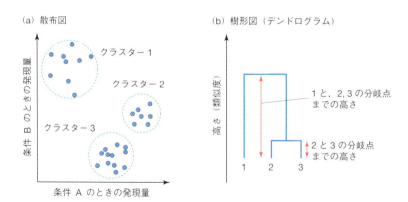

図10・6　階層的クラスター分析の原理　クラスター分析ではデータ群の類似度の度合いを距離で表す．(a)の散布図を見ると，遺伝子はその発現パターンによりクラスター1〜3に分類できることがわかる．ここでクラスター2と3の発現パターンは，クラスター1の発現パターンに比べて類似度が高いといえる．この類似度の違いを，分岐点までの高さに置き換えて模式化すると(b)の樹形図（デンドログラム dendrogram）が描ける．クラスター2と3の分岐点までの距離よりも，クラスター1との分岐点までの距離が高く表されているのがわかる．

10・3・3 多変量解析

マイクロアレイ解析では,一つの試料に対して数千数万の遺伝子の発現量が一度に測定される.一つの遺伝子の発現量を一つの変数と考えると,数千数万の変数をもつ莫大なデータとなる.変数が複数個あるデータを扱う統計解析を,多変量解析と総称する.本章では,多変量解析のうち特に生物系の論文によく登場する,階層的クラスター分析と主成分分析について紹介する.

a. 階層的クラスター分析 クラスターとは類似しているもの同士が集まった集合体を示す.階層的クラスター分析とは複数の構成要素からなるデータを類似度に基づいて何段階にも階層的にグループ分けする方法を意味する.クラスター同士の類似度を距離で表し,距離が近いものを"類似度が高い",遠いものを"類似度が低い"と表現する.階層的クラスター分析を行うことで,同じような性質をもつ遺伝子の集合を見つけることができる.

たとえば,条件Aのときの発現量を横軸,条件Bのときの発現量を縦軸にとって,それぞれの遺伝子の発現量を図示すると,発現量が似た挙動をする遺伝子同士が図の近い場所に集まる(図10・6a).これらをクラスターとよぶ.たとえば,クラスター1は"条件Aでは発現量が低く,条件Bでは発現量が高い遺伝子群",クラスター2は"条件Aで発現量が高く,条件Bで発現量が中ぐらいの遺伝子群"というようなことがわかる.また,クラスター1の遺伝子と,クラスター2の遺伝子あるいはクラスター3の遺伝子の図10・6中での距離は遠いが,クラスター2とクラスター3の距離は近い.これを,分岐樹形で表したのが樹形図(デンドログラム,図10・6b)である.

b. 主成分分析 主成分分析とは,多次元からなるデータを,少数の新しい次元(主成分 principal component, PC)をもつデータに置換して,データの特徴をとらえようとする解析手法である.この方法では,分散(ばらつき)が最大になる

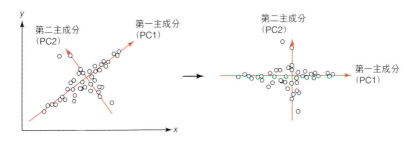

図10・7 主成分分析の原理

ような新たな座標軸(第一主成分),さらにこれに直交し分散が最大になる座標軸(第二主成分)を合成し,データを再編成する.主成分分析することで,個々のデータの相互関係や,その関係性を規定する要因を視覚的にとらえやすくなる.

たとえば図10・7では,変数xに対してyがほぼ比例していることが見てとれる.この直線関係を主成分とよび,第一主成分を表す軸PC1に沿って,左下から右上に向かって変数(主成分得点)に従って変数xとyが変動していることがわかる.つまり,何か一つの因子で変数xとyが比例して変動している可能性がある.さらに,これと直交するPC2に対しても別の変数(第二の主成分得点)に従って変動していることがわかる.この解析によって,これらの遺伝子群を制御している何らかの因子が二つあることがわかる.

【多変量解析の例】

マクロファージも樹状細胞も,貪食した抗原を提示する食細胞だが,二つの細胞には表面マーカーや機能の面で共通点が多く,違いを明確に区別する分子基盤がごく最近まで確立できていなかった.2012年,Immunological Genome Consortium

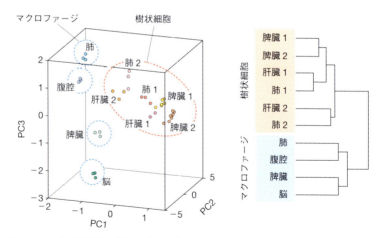

図10・8 **多変量解析の例** 三次元主成分解析(左)を見ると,赤の破線で囲んだ6種類の樹状細胞のクラスターは右上にまとまっている(距離が近い)のに対し,青の破線で囲んだ4種類のマクロファージ(肺・腹腔・脾臓・脳)は散らばっている(距離が遠い)ことがわかる.類似度を樹形図にまとめたのが右の階層的クラスター分析である.樹状細胞の亜集団間の分岐点までの距離に比べて,マクロファージ亜集団間の分岐点までの距離の方が長く表されている(類似度が低い).
[E.L.Gautier, *et al.*, *Nature Immunology*, 1118-1128(2012)に基づく]

は生体のさまざまな臓器に分布するマクロファージと樹状細胞の遺伝子発現パターンの違いを分析した．主成分分析をすることで，個々の臓器のマクロファージの遺伝子発現パターンが樹状細胞の遺伝子発現パターンと区別された（図10・8左）．そして，主成分分析と階層的クラスター分析（図10・8右）から，マクロファージの遺伝子発現パターンはそれが存在する臓器ごとに大きく異なる（類似度が低い）のに対し，樹状細胞の性質は，それが存在する臓器が変わっても類似度が高いことがわかった．

演習問題

10・1 マイクロアレイはどのような原理を用いて何を分析する手法か説明しなさい．また，その原理を用いた類似の方法と異なる点はどのような点か，それによってどのような利点があるか説明しなさい．

10・2 下図はがん細胞と正常細胞のmRNAのマイクロアレイ解析の結果を示したヒートマップ（a）と散布図（b）である．がん細胞で特に高く発現している遺伝子はどれか．反対にがん細胞で発現の低い遺伝子はどれか．

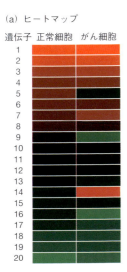
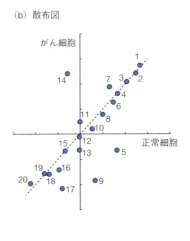

11 次世代シークエンサーを用いた網羅的遺伝子解析

概要　ヒトの全ゲノム情報が明らかとなった．その結果，遺伝子の解析は一つずつ調べることから多検体を用いて多種類の遺伝子を同時に調べることが求められるようになった．高速・大量に遺伝子を解読する新たな技術として次世代シークエンサーが開発され，さまざまな用途に広く普及しつつある．網羅的にゲノムDNAの塩基配列を解読するだけでなく，遺伝子発現や転写制御機構を解析することもできる．また，患者検体の遺伝子変異解析や細菌叢解析にも次世代シークエンサーが用いられ，米国ではクリニカルシークエンスとしてすでに臨床応用されている．次世代シークエンサーの基本となる原理を理解し，種々の解析への応用ができる知識を身につけておく必要がある．

重要語句　ゲノムプロジェクト，次世代シークエンサー，次世代シークエンス解析，全ゲノム解析，エクソーム解析，メタゲノム解析，RNA-Seq，ChIP-Seq，DNAメチル化解析，クリニカルシークエンス，SNP，遺伝子変異解析，細菌叢解析

行動目標
1. 代表的な次世代シークエンス法の原理について概要を説明できる．
2. RNA-Seq，ChIP-Seq，DNAメチル化解析を解釈できる．
3. クリニカルシークエンスとしての遺伝子変異解析について説明できる．
4. メタゲノム解析の臨床的な用途を説明できる．

11・1　ゲノムプロジェクト

　ヒトの細胞内には30億塩基対のゲノムDNAが存在する．この30億塩基対を解読し，遺伝情報のすべてを明らかにしようとする計画が1990年に開始された．これが**ヒトゲノム解析プロジェクト**である．当初はDNA塩基配列解析機器（シークエンサー）を用いて一度に読み取れる配列は2時間で500塩基程度であった．しだいに国際的な共同プロジェクトに広がり，多数のシークエンサーで並列して解析を行うことで，当初15年計画であったものが2003年に完了した．

　ゲノム解析プロジェクトの完了によりヒト全ゲノム配列が既知のものとなったことから，新規遺伝子を見つける研究を行う必要がなくなった．さらに，一つの目的遺伝子のみを解析する手法では不十分とみなされ，多数の遺伝子解析を行うことが

求められるようになった．しかし，従来の塩基配列解析手法では，性能に限りがあり少数の遺伝子だけしか解析できなかった．そこで，新しい原理を用いて飛躍的に開発が進んだのが次世代シークエンサーである．次世代シークエンサーは，非常に多くの塩基数を同時並行して読み取ることができ，さまざまな研究で多数の遺伝子を網羅的に解析することが可能である．

11・2　次世代シークエンサーの原理

一塩基ずつ読み取っていく従来のシークエンサーとは異なり，新しい原理に基づき大容量・超高速シークエンスを可能にしたのが**次世代シークエンサー**（next generation sequencer, **NGS**）である．さまざまな原理に基づくシークエンサーが次々と開発され，第一〜第四世代に分類されている．技術進歩に伴い解析コストは年々低下し，基礎研究から臨床応用へと広がりつつある．ここでは各世代のシークエンサーの概要と原理を説明する．

11・2・1　第一世代シークエンサー

従来から用いられているDNA塩基配列解析法であり，古典的シークエンサーともいわれる（図11・1）．この方法では，まず目的とするDNA断片の単離・増幅を行う．特異的プライマーを用い，蛍光色素を付加したジデオキシヌクレオチド

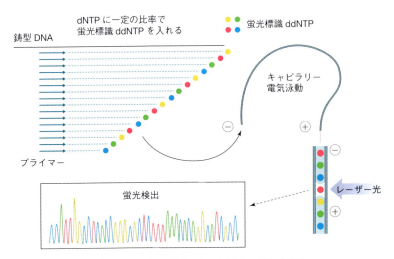

図11・1　第一世代：キャピラリー電気泳動法

(ddATP・ddTTP・ddGTP・ddCTP）を加えてポリメラーゼ連鎖反応（PCR）を行い，一つの遺伝子を増幅する*．原理開発者の名をとってサンガー法とよばれることが多い．蛍光標識 ddNTP を取込んだ DNA 断片は，種々の塩基長で伸長反応が止まる．これを毛細管（キャピラリー）内の高分子ポリマーで電気泳動することで，長さの違いにより分離できる．キャピラリー下部の検出窓にレーザー光を照射し，ここを通過する DNA 断片の蛍光を検出してその色から A，T，G，C を同定し，DNA 配列を決定する．一度に泳動できるキャピラリー数を増やし，泳動速度を上げることで多検体の迅速な解析が可能となり，現在一般に広く使われている．

11・2・2 第二世代シークエンサー

第二世代の登場により，全ゲノムを断片化して増幅し，多数の DNA 断片の配列を同時並行解析することができるようになった．DNA 断片の単離プロセスが不要であり，大量高速処理を安価に実施できることから，すでに広く普及している．解読する DNA の調製法を工夫することで，単にゲノム配列を解読するだけでなくさまざまな目的に利用される．

次世代シークエンサーによる解析手順の概略を図 11・2 に示す．

① **DNA 試料の調製**：解析の目的に応じてゲノム DNA，RNA から逆転写反応により合成した cDNA，タンパク質結合 DNA，修飾 DNA など解読対象とする DNA を調製する．

② **DNA 断片化・精製**：長い DNA の場合には，超音波破砕機を用いてシークエンス機器に応じた長さに DNA を物理的に断片化する．適度な長さの DNA を精製する．

図 11・2　次世代シークエンサーによる解析の手順

---

* 詳しい原理は第 I 巻 §14・6 "DNA 塩基配列決定法" を参照．

③ **アダプター連結・ライブラリー作製**：DNA 断片の両端に，解析方法に応じたアダプター配列を連結する．このアダプター配列を利用してプライマーを結合させ，DNA 断片の増幅や配列の解読を行う．解析の種類に応じて，必要な DNA 断片のみを濃縮して精製し，解析対象 DNA 集団（ライブラリー）を作製する．

④ **次世代シークエンサーによる配列決定**：多種類の DNA 断片を一度に解析するために，一つの DNA 断片が一箇所に集団（クラスター）を形成するように PCR 増幅してからその塩基配列を読み取っていく．PCR 増幅と塩基配列読み取りには，表 11・1 に示すようなさまざまな方法が用いられているが，現在よく使われている代表的な機器の原理について後述する．読み取ることができる塩基の数をリード長とよぶ．一つの DNA 配列を複数回読み取ることで正確な配列を得ることができる．この読み取り回数をリード数とよび，多いほど正確性が増す．平均 30 回以上のリード数が望ましいとされている．

⑤ **マッピング・アセンブル**：個々の DNA 断片の配列情報は数十～数百塩基と短いが，DNA 断片数は膨大である．すでに解読された DNA 配列がある場合には，これをリファレンス配列（参照配列）として DNA 断片の配列を並べる（マッピング）．まだ解読されていない新規・未知の DNA 配列の場合には，DNA 断

表 11・1 **次世代シークエンサー解析で用いられる原理** すべての原理は説明しないが，インターネットなどで調べてみてほしい．

手 順	方 法	特 徴
PCR 増幅・クラスター形成	エマルジョン PCR	液滴（エマルジョン）内のアダプター付きビーズに DNA 断片を結合させ，ピコタイタープレートに分配して増幅する．
	ブリッジ PCR	スライドガラス基板（フローセル）上のアダプターに DNA 断片を結合させ，ブリッジ構造にして増幅してクラスターを形成する．
塩基配列読み取り	パイロシークエンシング法	DNA 合成反応時に放出される二リン酸（ピロリン酸）を，酵素反応による発光で検出する．
	可逆的ターミネーター法	蛍光標識と保護基を結合させたデオキシヌクレオチドを用いて，一塩基ずつ合成して蛍光を検出する．
	リガーゼシークエンシング法（SOLiD 法）	DNA リガーゼによるオリゴ DNA 結合（ライゲーション）ごとに蛍光色素を検出する．
	プロトン測定法	DNA 合成反応時に放出される水素イオン（プロトン）による pH 変化を検出する．

片の配列をつなぎ合わせて一つの配列を組立てる（アセンブル）という情報処理が必要である．

⑥ **解　析**：リファレンス配列と異なる塩基などが検出された場合，さまざまなデータベースと比較検討し，その意義について解析する．

a. 一塩基合成法（sequencing by synthesis 法）

一塩基合成法とは1塩基付加するたびにその塩基を判別し，次の塩基合成を行うものである．現在最も広く使われているIllumina社のシステムでは，表11・1の原理のうちブリッジPCR法と可逆的ターミネーター法を用いている．

ⅰ）**ブリッジPCR法**（図11・3）でまずDNA断片のクラスターを作製する．アダプター配列を結合させたフローセル（スライドガラス基板）上で，DNA断片を増幅する．DNA断片の5′側にアダプター配列 **A**，3′側にアダプター配列 **B** を付加する．フローセル上には **A** に相補的な配列 **A′** と，アダプター配列 **B** が全面

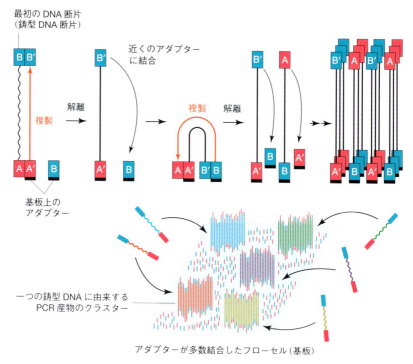

図11・3　ブリッジPCR法

にランダムに配置されている．まずフローセル上のアダプター配列 A′ に DNA 断片のアダプター配列 A を結合させ，A′ をプライマーとして複製する．鋳型のDNA 断片を除去すると，合成された断片の反対側にある相補的配列 B′ が，基板上の隣接するアダプター配列 B に結合してブリッジ構造をとる．これを鋳型に，B をプライマーとして複製する．これを繰返して PCR 増幅すると，一つの DNA 断片に由来する PCR 産物が一箇所にクラスターを形成することになる．そしてフローセル上には異なった DNA 断片に由来する膨大な種類のクラスターが並ぶことになる．

ⅱ）**可逆的ターミネーター法**（図 11・4）で DNA クラスターの配列を解読する．DNA 合成の基質として 4 種類の蛍光色素と保護基（次の伸長反応を阻害する）を付加した 4 種類のデオキシヌクレオチド（dNTP）を加える．一つ付加すると反応が止まり，各クラスターの蛍光色を画像で検出することで付加したデオキシヌクレオチドの種類を判別する．ついで蛍光標識と保護基を除去し，次の伸長反応へと進んで同様に判別する．これを繰返すことで各クラスターの DNA 配列が解読される．

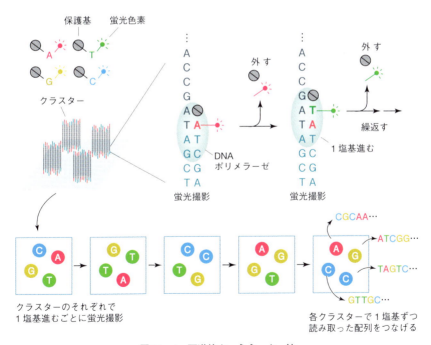

図 11・4　可逆的ターミネーター法

b. 半導体チップによるプロトン測定法

Life Technologies 社のシステムでは，エマルジョン PCR 法を用いて DNA 断片を増幅し，半導体基板上に作製されたウェル内で水素イオン（プロトン）による電位変化を検出する．

ⅰ）**エマルジョン PCR 法**（図 11・5）では，油中に分散させた液滴（エマルジョン）の中に，1 種類のアダプター配列（ ）を結合させたビーズ一つと鋳型 DNA 断片一つを入れて PCR 増幅する．同じ鋳型 DNA 断片が数百万分子増幅されて一つのビーズ上に結合する．このビーズを一つずつ半導体マイクロチップ上の微小なウェルに分配する．

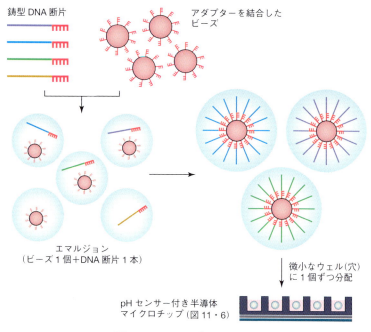

図 11・5　エマルジョン PCR 法

ⅱ）**プロトン測定法**（図 11・6）では，DNA 合成の基質として 4 種類のデオキシヌクレオチドを 1 種類ずつマイクロチップに加える．鋳型 DNA に相補的な dNTP が添加されると，DNA ポリメラーゼによる伸長反応により dNTP が DNA 鎖に結合し，水素イオン（プロトン）が放出される．このイオンによる pH 変化を，半導体マイクロチップのセンサーで検出する．

11・2 次世代シークエンサーの原理

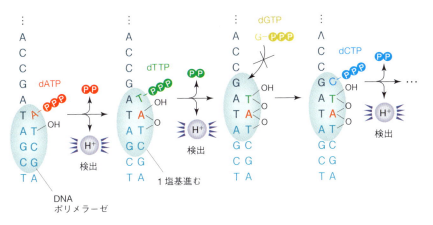

図11・6 半導体チップによるプロトン測定法　dATP, dTTP, dGTP, dCTP を1種類ずつ反応させる．DNA に取込まれると DNA の 3′ 末端 OH 基から水素イオン（プロトン）が放出されるので，これを検出する．㋚㋚はピロリン酸（二リン酸）．

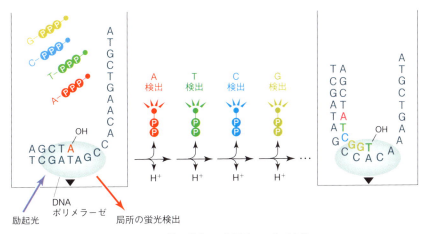

図11・7　第三世代：1分子リアルタイム法

11・2・3 第三世代シークエンサー

DNAを増幅せず,1分子のDNAでの合成酵素反応をリアルタイムでモニターする方法であり,**1分子リアルタイム法**とよばれる(前ページ,図11・7).DNAポリメラーゼを微小反応槽底部に固定し,鋳型DNAとプライマーを添加する.リン酸基に蛍光色素を結合させた4種類の基質塩基を加え,鋳型DNAを基にDNAを合成する.DNAポリメラーゼによる伸長反応により鋳型DNAに相補的なdNTPが結合すると,蛍光色素が結合しているピロリン酸(二リン酸)が遊離し,蛍光色素が放出される.これを微小反応槽底部の検出装置で読み取り,蛍光色によって配列を決定する.1本のDNA断片のリード長がきわめて長く,10 kb以上もの配列を読み取ることができるのが特徴であるが,エラー率が高く,装置が大型で高価である.

11・2・4 第四世代シークエンサー

膜に結合したタンパク質や固相構造の微細な通過穴(ナノポア)に,一本鎖DNAを通過させる(図11・8).ナノポア通過時の電位変化などを検出して,DNA配列を読み取る.光学系の検出装置を用いず,電荷や水素イオン,表面温度などを計測して配列を解読する方法で,機器が小型である.PCRによるDNA増幅が不要であるため,遺伝子を増幅する場合に生じるバイアス(配列頻度が元のDNA断片と異なってしまうこと)やエラーなどの影響を受けないのが特徴である.

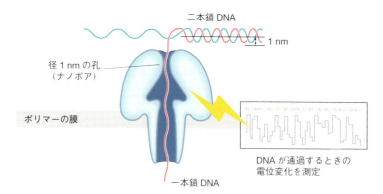

図11・8 第四世代:ナノポアシークエンサー DNAがナノポアを通過するときの電位変化の大きさは塩基の種類によって異なるので,通過する塩基を順に読み取ることができる.

11・2・5 次世代シークエンサーの進歩

第一〜第四世代の次世代シークエンサーについて,その特徴と解析可能なデータ量を表11・2にまとめた.

表11・2 次世代シークエンサーの進歩

	DNA断片増幅	塩基合成	塩基配列検出法	1リード塩基長	1解析あたりのリード数
第一世代 サンガー法・ キャピラリー電気泳動	要	要	塩基を蛍光色素標識(ジデオキシ法),キャピラリー電気泳動で検出	500〜1000	1〜384
第二世代 並列自動化逐次合成	要	要	塩基合成反応時に生じるシグナル(化学発光・蛍光・電気化学)を検出	30〜500	10^6〜5×10^7
第三世代 1分子リアルタイム	不要	要	塩基合成反応時に生じる蛍光シグナルを検出	500〜2500	10^6〜10^7 以上
第四世代 ナノポア	不要	不要	核酸が放つシグナル(電位変化)を直接検出	10^4〜10^6 以上	

11・3 次世代シークエンス解析

次世代シークエンサーの進歩より,かつて何年もかかったヒトゲノム解読が数日から2週間程度に短縮された.遺伝子工学領域において,膨大な情報が得られる次世代シークエンサーは核酸の同定・分析に関するさまざまな旧来の解析に取って代わりつつある.次世代シークエンサーのおもな解析用途として,① ゲノム塩基配列解析,② 遺伝子発現解析,③ 転写制御機構解析,の三つがある(表11・3).

11・3・1 ゲノム塩基配列の解析

ゲノム解析は最も多く行われる解析である.解析対象となるDNAの種類により,試料の調製方法や操作が異なる.

a. 全ゲノム解析 全ゲノムを解析するもので,遺伝子コード領域(エクソン),非コード領域(イントロン等)のすべての配列情報が得られる.ゲノムが解読されていない生物の新規ゲノム配列決定(*de novo* シークエンシング)にも用いられる.情報量は多いが,全領域を均等に増幅することは困難であるため,塩基配列読み取りの正確性はすべての領域で同じとは限らない.また,高コストである.

表 11・3　次世代シークエンサーにより可能な解析

解析対象	解析名	特　徴
ゲノム塩基配列	全ゲノム解析	全ゲノムを解析，未知の遺伝子も解析できる
	エクソーム解析	すでに配列が判明しているゲノムのエクソン部分のみを解析
	メタゲノム解析	菌叢の遺伝子組成や機能解析が可能
遺伝子発現	RNA-Seq	mRNA 配列解析，発現量定量
	デジタル遺伝子発現解析	mRNA コピー数の定量
転写制御機構	ChIP-Seq	タンパク質と結合する DNA 配列を同定
	クロマチン高次構造解析	ヌクレオソーム状態やオープンクロマチン領域を同定
	DNA メチル化解析	ゲノム上のシトシンメチル化状態を同定

b. エクソーム解析　すでに配列がわかっている参照ゲノム配列（リファレンス配列）がある場合に用いられる．タンパク質をコードしているエクソン領域のみを特異的に認識するプローブを用いて集めて濃縮する．あるいは複数の目的領域を PCR 増幅する．シークエンス対象領域が全ゲノムの 1～2％ と限られるためコストが低く，対象領域の DNA 配列を全体的に同じ正確性で読み取ることが可能である．ヒトの疾患と遺伝子変異・多型との関連を網羅的に解析するのに有用である．

c. メタゲノム解析　ヒト腸内を含むさまざまな環境中の多種の微生物の DNA を混合物として抽出し，DNA 配列を網羅的に調べて微生物集団がもつ遺伝子群を明らかにする方法である．単離培養が困難な微生物のゲノム情報を取得でき，菌叢の遺伝子組成や機能解析が可能である．

11・3・2　遺伝子発現の解析

RNA から mRNA を濃縮して逆転写反応により cDNA を合成し，その配列を網羅的に解析する．従来，遺伝子発現解析にはマイクロアレイ（第 10 章）が用いられてきたが，次世代シークエンサーによる解析が普及しつつある．

a. RNA-Seq　合成した cDNA の配列を網羅的に解析する．転写産物の配列の同定を行うだけでなく，同じ配列の読み取り回数を比較することで遺伝子発現量の定量が可能である．配列情報から，選択的スプライシングや未知転写産物の検出，転写開始部位の決定を行うことができる．

b. デジタル遺伝子発現解析　cDNA の末端の配列だけを検出して読み取り，

その読み取り回数を比較する．転写産物のコピー数定量を行う方法である．

11・3・3 転写制御機構の解析

遺伝子発現を制御するクロマチン構造やその修飾状態の解析に次世代シークエンサーが用いられる．

a. ChIP-Seq クロマチン免疫沈降法（ChIP，第3章参照）と次世代シークエンサーを組合わせた手法であり，転写因子などのタンパク質と相互作用するゲノムDNAを網羅的に検出できる．タンパク質とゲノムDNAを化学反応で架橋後，DNAを断片化し，解析対象のタンパク質を特異的な抗体を用いて免疫沈降する．タンパク質とともに沈殿したDNAの配列を網羅的に解析する．タンパク質のDNA結合部位やヒストン修飾部位を検出・定量できる．また，転写因子と結合する多数のDNA配列の頻度を調べて，転写因子が結合する共通の配列を決定できる．

b. クロマチン高次構造解析 一つの転写因子が一つのDNAと同時に2箇所で結合する場合，ゲノム上のこの2点が三次元的に近接していることがわかる．この解析からゲノムの三次元構造が明らかになり，複数の転写因子やDNAによるクロマチン立体構造を評価できる．また，ヌクレオソームに巻き付いていない（転写が活発な）オープンクロマチン領域を同定する手法もある．

c. DNAメチル化解析 DNAのメチル化状態を判定する方法として，DNAをバイサルファイト（bisulfate）処理して次世代シークエンサーで解析し，メチル化シトシンを検出する．バイサルファイトによりゲノム上のメチル化していないシトシンはウラシル（PCR後はチミン）に変換されるが，メチル化シトシンは変換されない．これを利用し，一塩基ごとのメチル化の有無を判断できる．

11・4　次世代シークエンサーの臨床応用

現在の次世代シークエンス解析のほとんどはまだ研究室で行われているが，臨床への応用が広がりつつある．米国ではすでに患者検体を病院や検査センターで解析する"クリニカルシークエンス"への次世代シークエンサーの導入が進んでいる．特に，がん患者に対する治療は一律ではなく，一人一人に合わせた"オーダーメイド型医療"が国によって推進されている．そのためには患者それぞれのがん細胞の遺伝子異常を網羅的に解析し，その結果によって治療方法を選択する"がんゲノム医療"が重要である．次世代シークエンサーによるクリニカルシークエンスは，その中心的な役割を果たすものであり，わが国でも導入が始まった．

11・4・1 一塩基遺伝子多型（SNP）

ヒトゲノムには個人差があり，約300～1500塩基に1個程度，塩基配列が異なっている．この配列の個人差が人口の約1%以上の頻度で存在しているものを **SNP** (single nucleotide polymorphism, スニップ) といい，データベースとして公開されている（SNP database：dbSNP）．SNPの相違を解析することで，たとえばがん細胞におけるゲノムDNAの比較的広い範囲の異常（一部の領域がコピーされて複数存在する"増幅"，他の部分と入れ替わっている"再構成"，一部を欠いている"微小欠失"など）を簡便に検出できる．SNPはエクソン領域にも存在しており，一部はアミノ酸配列や機能の変化をもたらす．これらは人種や個人の形質に関わるとされ，またある特定のSNPは疾病の発症リスクや代謝などのいわゆる"体質"に関与している可能性がある．

11・4・2 遺伝子変異解析

ゲノムの塩基変化の頻度が人口の1%未満の場合は，変異（mutation）とよばれる．がんなどの疾患や家族性疾患に関与する．遺伝子の変異には図11・9に示すようなさまざまものがある．

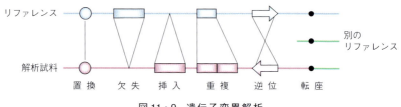

図11・9 遺伝子変異解析

a. 体細胞変異解析 体細胞変異は体内の生殖細胞以外の細胞に存在する変異である．がんなどの疾患の発症・進展に関わる体細胞変異は，正常組織の配列と病変組織の配列を比較して，病変組織に特異的な変異を抽出し，その中から見つけ出す．一般に病変組織では非常に多数の遺伝子変異が検出されるため，その中で本当に疾患に関わっている遺伝子異常を同定する必要がある．同じ疾患をもつ多数の患者検体を解析して，共通する遺伝子変異や同じ細胞内機能経路に属する遺伝子変異を検出することで，疾患の原因となる遺伝子変異を絞り込む．

b. 家系変異解析 家系内に同一疾患が多発する場合，何らかの遺伝子変異が遺伝している可能性がある．親から子に受け継がれる（遺伝する）体質や病気は，

個体発生前の生殖細胞に由来する変異によって起こる．これを生殖細胞系列変異または胚細胞変異という．ヒト個体の全細胞に認められる生殖細胞系列変異のうち，疾患の原因となっている遺伝子変異を同定するために，家系情報とともに家系構成員の検体を比較解析して，疾患に関わる変異を絞り込む．

c. ターゲットシークエンス がんなどでは，疾患に関連した遺伝子変異が高頻度に検出される．このような疾患特異的遺伝子の変異解析に的を絞った次世代シークエンス法をターゲットシークエンスという．疾患特異的遺伝子の変異の場所を詳細に調べ，疾患の原因や薬が効くかどうかを決定することを目的とした"疾患パネル"が使われている．ターゲットシークエンスはこのパネルを用い，疾患の診断・予後に密接に関係する複数の遺伝子変異を速やかに比較的簡便に検出できることから，クリニカルシークエンスとして非常に有用である．

11・4・3 細菌叢解析

ヒト腸内には数多くの微生物が共生しているが，そのバランスが崩れると病気や健康状態に影響を与える．その原因を同定するために，不特定多数の微生物を単離しないで混合のまま直接ゲノム解析を行い，存在する微生物の種類と量を同定する．糞便などの人体由来検体を用いて解析を行う．全ゲノム解析も行われるが，細菌間で保存性の高い 16S rRNA だけを増幅して解析する 16S 解析が一般的である．微生物の単離が不要であり，菌種の同定に至るまでの時間が大きく短縮される．

演習問題

11・1 代表的な二つの次世代シークエンス法の原理について説明しなさい．
11・2 RNA-Seq，ChIP-Seq，DNA メチル化解析はそれぞれどういう目的で用いる方法であるか説明しなさい．
11・3 がん患者のクリニカルシークエンスはどのような目的でどのような方法で行われるか説明しなさい．
11・4 メタゲノム解析とはどのような解析でどのように利用されるか説明しなさい．

12 マウス個体を用いた遺伝子操作

概要 生体では，さまざまなタンパク質が複雑に相互作用して生命機能を維持しているため，培養細胞の実験によって明らかにできるタンパク質の機能はほんの一部である．高次生命現象におけるタンパク質の関与を明らかにするためには，より生理的な条件において解析が可能な個体レベルで研究することが必要である．遺伝子操作技術の開発により飛躍的に発展してきた個体レベルの解析には，目的の遺伝子を過剰発現したトランスジェニックマウスや遺伝子破壊した遺伝子欠損（ノックアウト，KO）マウスが汎用される．

重要語句 トランスジェニックマウス，ノックアウトマウス（遺伝子欠損マウス），ES細胞，キメラマウス，ジャームライントランスミッション

行動目標
1. トランスジェニックマウス作製方法が説明できる．
2. ES細胞を説明できる．
3. ノックアウトマウスの作製方法が説明できる．
4. ノックアウトマウスとコンディショナルノックアウトマウスの違いを説明できる．

12・1 実験動物としてのマウスの利便性と逆遺伝学

　マウスは哺乳類のなかで飼育が容易，多産で世代交代も早く，比較的小さなスペースで飼育できるという利点をもっている．マウスのゲノムサイズはヒトより14％ほど短い25億塩基対ほどであるが，ヒトがもつ遺伝子のうちの99％程度をもっている．すなわち遺伝子レベルではヒトとマウスはほぼ同じといえる．さらに，マウスでは体外受精や胚操作技術が確立されている．こうした利点により，マウスはヒトの遺伝子の働きを調べるために，さまざまな分野の研究に実験動物として汎用されている．

　一般的にさまざまな生物で遺伝子の役割を明らかにするやり方には，フォワードジェネティクス（順遺伝学）と，リバースジェネティクス（逆遺伝学）という二つの方法がある．フォワードジェネティクスでは，まずある表現型を示す突然変異個体を見つけ出す．ついで，その突然変異個体でどのような遺伝子変異が表現型の原因となっているかを明らかにする．しかし，突然変異個体で表現型の原因となる遺

伝子変異を同定することは難しい．仮にある遺伝子に突然変異があることがわかっても，それ以外に同時に他の遺伝子に変異が入っている可能性もあるからである．つまり，発見された遺伝子の変異がその表現型の原因であると結論することはできない．それに対し，**リバースジェネティクス**では遺伝子に変異を加えたトランスジェニックマウスやノックアウトマウスを作製し[*1]，その表現型を解析することで，その遺伝子の役割を直接的に明らかにする．近年，ゲノム編集技術（第15章）の利用により遺伝子改変マウスの作出が容易になったことから，リバースジェネティクスの重要性がより高まっている．

12・2　トランスジェニックマウス

【目的・原理】

　機能を明らかにしたい遺伝子を安定的にマウス受精卵に導入してつくられたマウスを**トランスジェニックマウス**とよぶ．トランスジェニックマウスの体内では組込まれた遺伝子からタンパク質がつくられる．たとえば，野生型または変異型のタンパク質をマウスに過剰発現させるとどのような機能が獲得されるか（gain of function）を明らかにすることで，そのタンパク質の生理学的，病理学的役割を調べることができる．また，疾患に関連するタンパク質を発現させて，疾患モデルマウスをつくれば疾患の発症メカニズムや薬の効果を調べるのに有効である．そのほか，調べたい遺伝子のプロモーターの下流にGFPなどの蛍光タンパク質を発現させるベクターを導入したトランスジェニックマウスを作製すれば，いつ，どこでそのタンパク質が発現するのかを調べることもできる．

【方　法】（図 12・1）

① 遺伝子ベクターの作製：目的遺伝子をもつベクターを作製する．発現量や発現部位を制御するために適切なプロモーターとエンハンサーを選択することが重要である．
② 受精卵の採取：あらかじめホルモン投与により過排卵を誘発した雌マウスと雄マウスを交配させ，前核期受精卵を採取する．
③ 目的遺伝子のマイクロインジェクション：倒立顕微鏡で観察しながら，直鎖状にしたベクターを極細のガラス管を用いてマウス受精卵の前核に注入する．

[*1] これまでに作製された遺伝子改変マウスの遺伝子や表現型の情報は，MGI（Mouse Genome Informatics, http://www.informatics.jax.org）で検索できる．

④ 受精卵の卵管内移植：精管結索マウスと交尾させた仮親となる偽妊娠雌マウスの卵管内にマイクロインジェクションした受精卵を移植する．
⑤ 遺伝子導入の確認：仔マウスの離乳後，仔マウスの尻尾からDNAを抽出し，PCR法により導入した外来遺伝子の検定を行う．

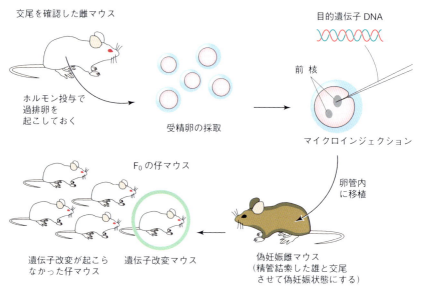

図12・1　トランスジェニックマウスの作製方法

　マイクロインジェクションした受精卵から産まれてくる仔マウスをfounderあるいはF_0とよぶ．F_0のうち，すべての細胞に目的遺伝子が組込まれた染色体をもつ仔マウスは10〜30％ほどである．目的遺伝子が組込まれる前に受精卵が分裂すると，目的遺伝子をもった細胞ともたない細胞から構成されるモザイク型の仔マウスが生まれる．このとき，生殖系の細胞に目的遺伝子が存在しない場合は，そのF_0を掛け合わせて作製されるマウス（F_1とよぶ）に目的遺伝子は受け継がれない．また，遺伝子導入の際にゲノムのどこに挿入されるかはいろいろで，ゲノムの1箇所に目的遺伝子がいくつも入ってしまうことも多い．挿入部位や導入数の違いにより，目的遺伝子がどの部位で発現するかといった発現パターンや遺伝子の発現強度は変化する．したがって，遺伝子過剰発現の一般的効果を調べるためには，F_0マウスに由来するトランスジェニックマウスを2系統以上解析することが望ましい．

GFP（緑色蛍光タンパク質）を安定的に発現させたトランスジェニックマウスはUVランプを照射することにより外来遺伝子の導入を確認できるが，一般にトランスジェニックマウスと野生型マウスは外見で区別することは難しい．しかし導入する遺伝子は通常外来遺伝子であり，宿主のマウスには存在しない．したがって，外来遺伝子を特異的に増幅させるプライマーセットを用いてPCRを行えば，トランスジェニックマウスであることを確認できる．

　そのほかのトランスジェニックマウス作出方法として，レンチウイルスベクターを感染させる方法がある．レンチウイルスはマウスゲノム中に自身の遺伝子を挿入することができ，分裂中ではない細胞にも感染するため効率良く遺伝子を導入できる．また，宿主がもつトランスポゾンを利用する方法もある．これはトランスポゾンが他の遺伝子を切断してトランスポゾンの配列を挿入できる性質を利用して目的の遺伝子を導入する方法である．これらの方法はマイクロインジェクション法よりも遺伝子導入効率が改善されているが，本書の範囲を超えるので詳細は説明しない．

12・3　ノックアウトマウス

【目的・原理】
　ノックアウトマウス（遺伝子欠損マウス）は，目的の遺伝子を欠失させることによってどのような機能が失われるか（loss of function）を調べて目的遺伝子の役割と機能を明らかにすることを目的に作製される．マウスが本来もっている遺伝子を破壊する必要があり，内部細胞塊（胚盤胞まで発生した受精卵の内側に形成される細胞群で，将来的に胎仔になる部分）から樹立された細胞である**ES細胞**[*2]（embryonic stem cell，**胚性幹細胞**）を用いる（図12・2）．ノックアウトマウスの技術は，実験モデル動物として疾患の原因解明や新薬の実験などに応用可能であり，この技術に対してノーベル生理学・医学賞が2007年に与えられている．

　遺伝子の破壊方法には，遺伝子トラップ法と遺伝子ターゲティング法がある．遺伝子トラップ法は，薬剤耐性遺伝子とポリA配列をもつカセットをES細胞に導入して，カセットが遺伝子に挿入されてポリAによりタンパク質合成が阻害された遺伝子破壊ES細胞を網羅的に得る方法である．特定の遺伝子ではなくランダムに遺伝子を破壊することができる．

[*2] ES細胞は，無限増殖能と三胚葉（内胚葉・中胚葉・外胚葉）に分化できる多分化能をもっている．

12・3・1 遺伝子ターゲティング法

遺伝子ターゲティング法（ジーンターゲティング法ともいう）は，内在性の遺伝子配列を相同組換えにより人為的に変異させる遺伝子工学的手法である．相同組換えにより，エクソンの除去（ノックアウト），遺伝子の導入（ノックイン）などが可能である．遺伝子ターゲティングでは目的遺伝子に応じて個別にベクターを作製する必要がある．

【方　法】（図 12・2，図 12・3）
① ターゲティングベクターの構築：目的遺伝子の機能を失わせるために，翻訳開始コドンを含むエクソンや機能ドメインを含むエクソンを欠失・改変させる領域を選ぶ．正の選択マーカー（ネオマイシンなどの耐性遺伝子）をその領域の上流と下流で挟み込んだターゲティングベクターを作製する．
② ベクターを ES 細胞に導入：構築したターゲティングベクターをエレクトロポレーション法などによって ES 細胞に導入し，薬剤（一般にネオマイシンなど）添加培地で培養する．相同組換えを起こした細胞は薬剤耐性を獲得してコロニーを形成するため，コロニーごとに細胞を得る．
③ 相同組換え ES 細胞の選別：相同組換えが起こったことを確認できるプライマーセットを用い，ES 細胞由来のゲノム DNA に対して PCR 反応を行えば迅

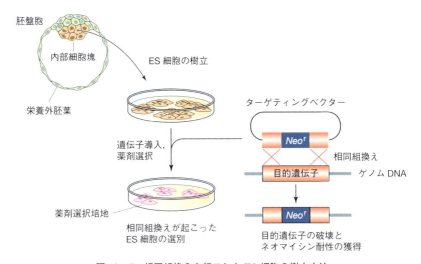

図 12・2　相同組換えを起こした ES 細胞の樹立方法

速に確認できる．またはサザンブロット法を用いれば，時間はかかるが相同組換えを確実に検出できる．

④ キメラマウスの作製：交尾後2〜3日の雌マウスの卵管や子宮から胚盤胞期の胚を回収する．胚盤胞の内腔に相同組換え ES 細胞を顕微鏡下で注入し，宿主細胞と相同組換え ES 細胞が混ざったキメラ胚盤胞をつくる．

⑤ キメラ胚盤胞を偽妊娠マウスへ移植：精管結索マウスと交尾させて2.5日後の偽妊娠マウスの子宮にキメラ胚盤胞を移植すれば，F_0 マウスが誕生する．F_0 マウスは細胞の一部が相同組換え ES 細胞由来となり，宿主細胞とのモザイクとなったキメラである．このとき，黒い体毛をもつマウスから樹立した ES 細胞を白い体毛をもつ宿主マウス胚盤胞へ注入すれば，生まれてきた F_0 マウスの体

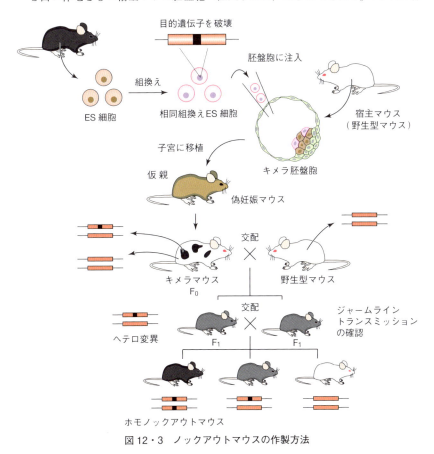

図 12・3　ノックアウトマウスの作製方法

毛色の混ざり方（キメリズム）によりキメラ個体が得られたかを判別できる．
⑥ キメラマウスからノックアウトマウスを作製：F_0 マウスの仔マウスに遺伝子欠損が受け継がれるためには，相同組換え ES 細胞が生殖系細胞となったマウスが必要である．相同組換え ES 細胞由来の遺伝形質をもつマウスであることを確認するには，F_0 キメラマウスと野生型マウスを交配させて得られた F_1 マウスが片方の遺伝子が破壊されたヘテロ変異であることを，変異を検出するプライマーで PCR して確認すればよい．このとき次世代に遺伝子破壊が伝達されたこと（ジャームライントランスミッション）が確認できる．
⑦ ホモノックアウトマウスの作製：ヘテロ変異ノックアウトマウス同士を掛け合わせれば，1/4 の確率でホモ変異の遺伝子ノックアウトマウスが得られる．

通常，遺伝子ターゲティング法では相同染色体の一方のみで相同組換えを起こしたヘテロ変異の ES 細胞が得られる．最近はゲノム編集（第 15 章）を利用してノックアウトマウスが作製されているが，このときはヘテロ変異と同時にホモ変異 ES 細胞を得ることができ，ノックアウトマウスの作製時間と費用が大幅に改善された．

キメラ胚盤胞の着床率はその細胞株の発生能力に強く依存する．相同組換えを起こしたために ES 細胞の発生能力が低下した場合には，キメリズムが低下したり，胚の生存率が減少することがある．破壊した遺伝子が発生初期に重要な役割を果たす場合には，ヘテロ変異ノックアウトマウス同士を交配させても母体内で発生の過程で死亡（胎生致死という）してしまい，ホモ変異ノックアウトマウスが得られないこともある．

12・3・2　コンディショナルノックアウトマウス
【目的・原理】
　すべての細胞において遺伝子が破壊されると，複数の臓器における遺伝子欠損の影響のために全身状態が悪化したり致命的となったりして，遺伝子欠損の影響の解析が困難となるときがある．このような問題を回避するために，特定の臓器のみで，または薬剤投与依存的に目的遺伝子を破壊する**コンディショナルノックアウトマウス**が開発された．この方法は，バクテリオファージ P1 が宿主の大腸菌内で複製するために自身のゲノムを環状化する際に，loxP とよばれる配列に特異的に DNA 組換えを起こす現象を利用している．loxP 間の組換えを誘導する Cre リコンビナーゼは哺乳類の細胞にはないため，外来的に導入した Cre/loxP システムにより，loxP で挟まれた DNA 配列を除去できる．

12・3 ノックアウトマウス

【方　法】（図 12・4）

① loxP マウスの作製: 作製方法はノックアウトマウスと同様である. 異なる点は, 遺伝子ターゲティングに用いるベクターの設計で, 欠損させたい遺伝子の両端に loxP 配列を挿入したベクターを利用する.

② 遺伝子欠損の誘導: loxP マウスと組織特異的プロモーターの制御下で Cre リコンビナーゼを発現するトランスジェニックマウス（Cre マウス）を交配させる. 得られたマウス（Cre-loxP マウス）の特定の臓器では組織特異的なプロモーターにより Cre リコンビナーゼが発現しているため, 組織特異的に目的遺伝子が欠損する. たとえば, ケラチン 14 プロモーターの制御下に Cre を発現するマウスと交配させると, 表皮基底細胞特異的に遺伝子が欠損する.

Cre リコンビナーゼの活性を制御して, 薬剤投与依存的に目的遺伝子を欠損させる時期を制御する方法もある. これは, Cre リコンビナーゼと変異エストロゲン受容体（ER）の融合タンパク質を利用する. Cre-ER タンパク質は細胞質に局在す

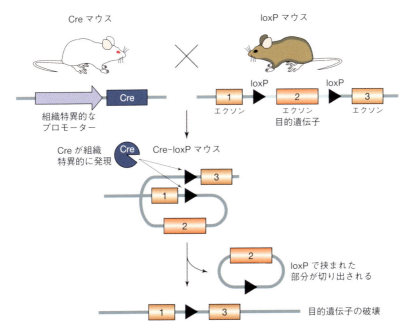

図 12・4　Cre リコンビナーゼによる Cre-loxP コンディショナルノックアウトマウスの遺伝子欠損誘導

るため，核内に存在するloxP配列の相同組換えができず，そのままでは遺伝子を破壊できない．エストロゲン誘導体であるタモキシフェンをマウスに投与すると，タモキシフェンに結合したERが核内に移動し，Creリコンビナーゼが相同組換えを誘導して目的遺伝子を欠損させる（図12・5）．

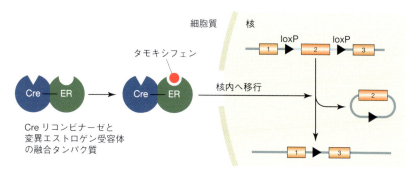

図12・5　Cre-ERの発現制御

12・4　組換えDNA実験に関する法律

人為的に作製されたトランスジェニックマウスやノックアウトマウスは生態系に影響を与える可能性があるため，環境中への拡散を防止しなければならない．2000年に遺伝子組換え生物等の安全な取扱いに関する**カルタヘナ議定書**[*3]が採択され，2003年に発効された．それに伴い日本では，国内法として『遺伝子組換え生物等の使用等の規制による生物の多様性の確保に関する法律（カルタヘナ法）』が施行され，動物だけでなく植物や細菌・真菌なども含めた遺伝子組換え生物の作製，移動，保管が制限されている．

演習問題

12・1　下図はノックアウトマウスの作製に利用したベクターの構造である．相同組換えを起こしたES細胞を選別するためには，どのようにすればよいか説明しなさい．

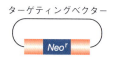

[*3]　カルタヘナ：会議が開催されたコロンビアの地名．

12・2 下図の直鎖状のベクターを受精卵に導入してトランスジェニックマウスを作製した．マウス由来のプロモーターは，すべての細胞で強く働くものである．このマウスから産まれた仔がトランスジェニックマウスであることを確認する方法を説明しなさい．GFP はオワンクラゲ由来の緑色蛍光タンパク質である．

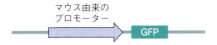

12・3 あるタンパク質 X のノックアウトマウスは発生初期に死亡した．そこで，タンパク質 X のコンディショナルノックアウトマウスを作製して，血管内皮細胞特異的に Cre リコンビナーゼが発現する Tie2-Cre トランスジェニックマウスと交配させると，これも発生中期に死亡した．タンパク質 X の役割を出生後に解析するためには，どのようなマウスを作製すればよいか．

13 再生医療技術の開発

概要 再生医療とは，幹細胞を利用して機能障害や機能不全に陥った組織・臓器の機能を回復させる治療法である．再生医療の進展に大きく関わるものとして，クローン技術と幹細胞技術がある．クローン技術には，受精卵を分割する受精卵クローンと，核を除いた卵細胞に体細胞核を移植する体細胞クローンがある．この技術によりまったく同じ DNA をもつ動物を生み出すことができるようになったが，クローン動物とは体細胞クローンを意味することが多い．体細胞クローン技術により，体細胞核を移植した ES 細胞も樹立されている．

ES 細胞の樹立には受精卵を使うため，ヒトの場合は倫理的な問題が大きい．この問題を回避できる iPS 細胞は，体細胞からつくられるため拒絶反応を抑えられる利点もあり，ES 細胞の代わりに再生医療への応用を目指した幹細胞研究の中心となっている．

重要語句 受精卵クローン，体細胞クローン，多能性，iPS 細胞

行動目標
1. クローン動物とは何かを説明できる．
2. クローン動物を利用した応用技術を列挙できる．
3. iPS 細胞を利用した再生医療技術を説明できる．

13・1 クローン動物

生物学分野では，**クローン**とは"同じ遺伝情報をもつもの"を意味し，遺伝子，細胞，個体に使われる．クローン動物は同じ遺伝子をもつ動物を意味する．クローンの語源は古代ギリシャ語の"小枝（挿し木）"であり，遺伝子工学で利用される技術"クローニング"も同じ語源である．

ゾウリムシのように，無性生殖によって生まれる子孫はクローンである．有性生殖では雌の卵と雄の精子が受精して発生するため，受精卵は両親の遺伝子を半分ずつ受け継いでおり，親とは異なった遺伝子をもつ．ところが，クローン技術はまったく同じ遺伝子をもつ子（クローン）をつくることを可能にした．哺乳類のクローンを作製する方法には，受精後発生初期胚を分割する方法（**受精卵クローン**）と成体の分化した体細胞核を卵細胞に移植する方法（**体細胞クローン**）がある．

13・1・1 受精卵クローン

受精卵クローンは,受精後発生初期の卵割が起こった未分化な細胞を複数に分割して数を増やす方法で,人工的に一卵性多子をつくる技術である(図13・1).同じ胚からつくられるので,子はすべて同じ遺伝子をもつ.しかし両親のDNAを半分ずつ受け継ぐため,子の遺伝的特徴を完全には予測できない.また,16細胞期をすぎた胚は使えないため,一つの胚から産生できるクローンの数には限りがある.すでに受精卵クローンウシは食肉として販売されている.

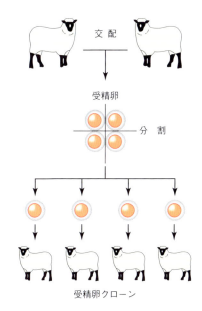

図13・1 割球を用いたクローン動物作製法

13・1・2 体細胞クローン

体細胞クローンは成体の体細胞核を使う方法である.得られる子は親とまったく同じ遺伝子をもつので,あらかじめ遺伝的特徴を予測することができる.作製するには,クローンを作製したい動物の体細胞を血清飢餓状態で培養して休眠状態にしてから核を取出し,除核した卵細胞に移植する.電気パルス刺激して遺伝子を活性化したのち,別の母体の子宮に移植して子を誕生させる(図13・2).

1996年,ヒツジ成体の乳腺細胞から取出した核を卵細胞に移植して,最初の体

細胞クローン"ドリー"が誕生した．分化した細胞の DNA でも多分化能状態に戻ることが証明されたのである．

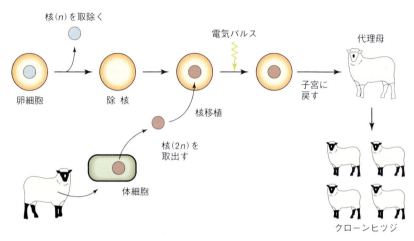

図 13・2　クローンヒツジの作出法

13・2　クローン動物を使った応用技術

体細胞クローンの作製は成功率が低く，正常な子の誕生を確約することができない発展途上の技術である．また，クローン技術を利用すればクローン人間を誕生させることもできるが，倫理的な問題があり，世界各国でクローン技術のヒトへの応用は規制されている．一方で，体細胞クローン技術は同じ遺伝子をもつ動物を大量につくり出せる利点があり，食料分野や医療分野などでさまざまな有効利用が期待されている（図 13・3）．

① 食料の安定：乳量の多いウシや，良質な肉を供給するブランド家畜，産卵効率の良いニワトリなど，食料として有益な動物の均質な大量生産が可能になる．
② 実験動物への応用：動物実験では，同じ実験を繰返しても遺伝子の不均一性のために実験結果が変動することがある．クローン技術によって遺伝子レベルで均一な動物を大量に作製すれば，再現性の高い実験結果を得られる．また，高価な疾患モデル動物を大量に生産することができれば，安定・大量に供給できるようになる．

③ 医薬品開発：遺伝子組換え技術との組合わせにより，病気の治療に必要なタンパク質製剤を分泌する動物を作製し，クローン技術によってこの動物を大量生産すれば，医薬品の生産を効率化できる可能性がある．
④ 臓器再生：遺伝子組換え技術により，ヒトに臓器移植しても拒絶反応が起こらない動物をつくり出すことができれば，この動物の臓器をヒトに移植できる．さらに，この動物をクローン技術で大量に産生すれば，たとえば人工透析が必要な腎疾患をもつ患者のために腎臓を大量生産できる可能性があげられる．
⑤ 絶滅危惧動物の保全：絶滅の危機に瀕しているパンダやトキなどの希少動物から複数の個体を産生できる．理論上は絶滅した動物であっても体細胞から完全なDNAを入手できれば再生できる可能性がある．実際に永久凍土に残されたマンモスの凍結死体からDNAを採取してゾウの受精卵に導入し，胚を発生させゾウの子宮に移植してマンモスを復活させるプロジェクトが進行中である．

図13・3　クローン技術を使った応用

13・3　幹細胞を用いた再生医療技術

　再生医療とは，**幹細胞**（stem cell）を用いて細胞や組織をつくり出し，損傷を受けた組織や臓器の機能を回復させる治療法である．幹細胞は，さまざまな細胞に分化できる**多能性**（multipotency）と，無限に自己を複製できる**自己複製能**（self-renewal）をもつ．再生医療に用いられる幹細胞には，本人または他人から採取し

た体性幹細胞，受精卵からつくられる ES 細胞，人工多能性幹細胞（induced pluripotent stem cell；iPS 細胞）がある．

体性幹細胞（組織幹細胞）は，成体の組織に存在する幹細胞で，組織や器官の維持において細胞を供給する役割を担っており，造血幹細胞や神経幹細胞，皮膚幹細胞などさまざまな種類が存在する．体性幹細胞はそれぞれ厳密な階層的分化を行い，限定された種類の細胞しか産生しないと考えられているが，近年こうした本来の細胞系譜以外の細胞にも分化しうる可塑性も注目されている．体性幹細胞を用いる利点には，細胞自体のバックグラウンドが明確であるため組織特異性が高いこと，細胞の取扱い（採取や培養法）技術が確立していること，分化誘導が不要または培養せずに臨床応用が可能であること，また腫瘍化のリスクが低く安全性が高いことがあげられる．その反面，幹細胞の採取は有限であり，品質のコントロールや大量生産が難しいこと，自発的分化能に欠けるため最終分化細胞まで分化させるのが難しいことが欠点としてあげられる．

ES 細胞（胚性幹細胞）は，受精卵が胚盤胞とよばれる時期まで分化した段階で内部細胞塊を取出し培養した細胞で，ヒトの体を構成するすべての細胞に分化できる．最適化された培地では未分化能を維持したまま無限に増殖する．体細胞クローン技術を用いて，除核した卵細胞に体細胞核を移植した ES 細胞も樹立されている．ヒトの ES 細胞は高度生殖医療で生じた余剰胚から樹立されており，新しい命となりうる受精卵を用いるため，本来であれば生まれてくる命の芽を摘み取ってしまうという倫理的な問題がある．

iPS 細胞は，2006 年山中伸弥らが樹立した新たな幹細胞である．マウスの皮膚繊維芽細胞にレトロウイルスベクターを用いて四つの遺伝子（*Oct3/4*, *Sox2*, *Klf4*, *c-Myc*）を導入することにより作製された．2007 年にはヒト iPS 細胞が樹立され，2012 年にノーベル生理学・医学賞が授与された．受精卵を使わず，分化した体細胞を幹細胞に戻しているため iPS 細胞は ES 細胞に比べて倫理的な問題が少ない．また，患者自身の体細胞からつくられるため拒絶反応を抑えられるという利点もある．今のところ安全性に課題が残るが，再生医療も含め以下のような臨床応用が期待されている．

1) 再生医療：病気や疾患で損傷した組織や器官に，幹細胞から分化させた正常な細胞を移植して生着させ，組織の機能を回復させる．
2) 病気の原因究明：患者の体細胞から幹細胞を作製し，疾患のモデル細胞へ分化させて病気のメカニズムを解明することができ，新規治療薬，薬の開発が可能

となる．新薬候補のスクリーニングに患者由来のモデル細胞を利用すれば，効率の良い薬効評価が期待できる．
3) 新薬の開発：体細胞由来の幹細胞から神経細胞，心筋細胞，体性幹細胞などに分化させ，新規薬物の効果や副作用を検証すれば，より有効で安全性の高い薬物を探索することができる．実験動物を用いた基礎研究と異なり，ヒト由来の細胞を用いることができるので薬効の種差を考慮する必要がなく，新薬の開発期間の短縮と経費削減に有効である．

演習問題
13・1　体性幹細胞，ES 細胞，iPS 細胞の違いを説明しなさい．
13・2　乳量の多い母ウシとまったく同じ遺伝子をもつ子をつくるには，どのようにすればよいか．
13・3　クローン動物を利用した応用技術の可能性を五つあげなさい．

14 遺伝子組換え植物

概要 この章では遺伝子組換え植物の作製方法とその利用について説明する．組換え植物の作製には，土壌細菌アグロバクテリウムがもつTiプラスミドを応用したバイナリーベクターを利用するのが一般的である．アグロバクテリウムを媒介に植物細胞に外来DNAを取込ませて形質転換する．形質転換された植物細胞からカルスとよばれる脱分化した不定形の細胞塊を誘導し，カルスからの再分化能を利用して植物体に再生することで組換え植物を作製する．そのほか，葉緑体DNAを利用した葉緑体形質転換法や一過的形質転換法も用いられる．これらの形質転換技術で作製されたシロイヌナズナやタバコなどのモデル植物は基礎研究で利用される．海外では遺伝子組換え作物は広く商業栽培され，利用されている．

重要語句 アグロバクテリウム，Tiプラスミド，T-DNA，バイナリーベクター，カルス，シロイヌナズナ，一過的形質転換法，葉緑体形質転換法

行動目標
1. 遺伝子組換え植物の作製方法を説明できる．
2. 遺伝子組換え植物の利用方法を説明できる．

14・1 遺伝子組換え植物の作製

　遺伝子組換え植物は多くの場合，遺伝子を導入する形質転換過程と，形質転換された細胞から植物体を再生する過程の2段階で作製される．また，外来遺伝子の導入先として核DNAのほかに葉緑体DNAがある（表14・1）．実験の目的に合わせて適切な形質転換法を選ぶ．

　形質転換では，植物に感染する土壌細菌**アグロバクテリウム**と，アグロバクテリウムがもつ**Ti**（tumor inducible）**プラスミド**のもつ配列（**T-DNA**）を利用したバイナリーベクターが最も一般的に用いられる．形質転換用のベクターを塗布した金属微粒子を高圧ガスで植物細胞に撃ち込んで，ベクターを植物細胞内に導入するパーティクルガン法も用いられる．

　形質転換した植物細胞を培養してもそのまま植物体になるわけではない．導入した遺伝子の植物体での影響を調べるためには，形質転換細胞から個体を再生する必要がある．形質転換した細胞から**カルス**とよばれる脱分化した不定形の細胞塊を誘

14・1 遺伝子組換え植物の作製

導し,カルスの再分化能を利用して植物体を再生する方法が一般的である.カルスを適当な条件で培養することで植物体を再生できる.

これらと多少異なる方法として,モデル植物**シロイヌナズナ**で利用されるフローラルディップ法がある.この方法では,外来DNAをもつアグロバクテリウムの懸濁液にシロイヌナズナの花芽を浸すことで形質転換を行う.その後,自家受精によって得られた種子を選抜,交配することで形質転換系統を得る.

形質転換された細胞をカルスや個体形成なしでそのまま解析に用いる場合もある.細胞の状態で形質転換の影響を調べる方法は**一過的形質転換法**とよばれる.

植物の葉緑体は,核とは別に固有のDNAをもち,DNA相同組換え系をもっている.それを利用して,葉緑体の相同遺伝子に外来遺伝子を組込む葉緑体組換えベクターが開発されている.葉緑体組換えベクターをパーティクルガン法により葉組織の細胞に導入し,不定芽[*1]形成を経て形質転換された植物体を得る.

表14・1 植物の形質転換法

遺伝子の導入先	目的	おもな形質転換の方法	アグロバクテリウムの利用	再生過程の必要性
核DNA	形質転換体の作出	アグロバクテリウム法	あり	カルスからの再生
		パーティクルガン法,ウイスカー法	なし	カルスからの再生
		フローラルディップ法	あり	なし
	一過的形質転換	パーティクルガン法	なし	なし
葉緑体DNA	葉緑体形質転換	パーティクルガン法	なし	不定芽からの再生

14・1・1 遺伝子組換えに利用される植物種

植物の遺伝子組換え(形質転換)技術は,ある特定の遺伝子の機能解析のような基礎的な研究だけでなく,有用植物の形質改良,有用物質の植物内生産などにも利用される.ただし,今のところすべての植物種で形質転換が可能なわけではない.シロイヌナズナやタバコなどは,遺伝子の機能解明などの基礎研究のためのモデル植物として遺伝子組換え技術が用いられている.また,イネ,ダイズ,トウモロコシ,ジャガイモなどの有用作物では,基礎研究だけではなく品種改良などの応用的な目的で遺伝子組換え技術が用いられている.

[*1] **不定芽**: 茎の先端や葉腋以外の部分から不規則に出る芽.

アブラナ科のシロイヌナズナ（*Arabidopsis thaliana*）はゲノムサイズが小さく，植物で最初（2000 年）に全ゲノム配列が解読された．この植物は一年生の長日植物で，自家受精によって継代できること，突然変異の作出や形質転換が容易であること，個体サイズが小さく世代時間が短いことなど多くの利点があり，モデル植物として広く研究に用いられている．シロイヌナズナに関しては遺伝子情報だけでなく，変異体データ，エコタイプ（自然変異型）系統などの情報が整理・公開され，トランスクリプトームやメタボロームなどのオミクス解析（第 1 章参照）も進んでいる．

シロイヌナズナは菌根菌[*2]や根粒菌[*3]に感染しないため，菌根や窒素固定などの植物と微生物との相互作用の研究には利用できない．窒素固定研究のモデル植物としては，マメ科のミヤコグサが利用されている．植物で最初に形質転換系が確立したナス科のタバコは，一過的形質転換系や葉緑体形質転換系の材料としてよく利用されている．

14・1・2 アグロバクテリウムと Ti プラスミド

植物に外来遺伝子を導入する方法には，植物の核 DNA に組込む方法と葉緑体 DNA に組込む方法の二つがある．植物細胞の核 DNA へ外来 DNA を組込むためによく使われているのが，土壌細菌であるアグロバクテリウムを利用した方法である．自然界ではアグロバクテリウムが植物に感染すると，植物体にクラウンゴールとよばれる未分化な腫瘍状の組織が形成される．以下にそのしくみを示す．

アグロバクテリウムがもつ Ti プラスミドには *vir*（virulence）遺伝子群と **T–DNA**（transferred DNA）領域がある（図 14・1a）．アグロバクテリウムが植物に感染すると，*vir* 遺伝子産物の機能によって T-DNA 領域が植物細胞の核 DNA へと移行し，形質転換が起こる．T-DNA 領域にはクラウンゴール形成に関与する植物ホルモン（オーキシン，サイトカイニン）などの遺伝子がコードされており，感染細胞ではこれらの植物ホルモンが多量に合成されてクラウンゴールが形成される．

[*2] **菌根菌**: 植物の根の表面もしくは内部に菌類が着生した菌根という共生体を形成できる菌類．植物から菌根菌に光合成産物が供給され，菌根菌から植物にリン酸などの栄養塩や水などの無機資源が供給される．菌根菌の菌糸は根に比べて細長く表面積が広いため，植物は菌糸を経由して土壌内の無機資源をより多く吸収できる．

[*3] **根粒菌**: マメ科植物の根に根粒を形成し，共生的窒素固定を行う土壌微生物．根粒内で大気中の分子状窒素をアンモニアに変換し，その一部を宿主植物へ供給する．宿主植物からは光合成産物が供給され，共生関係が成り立つ．

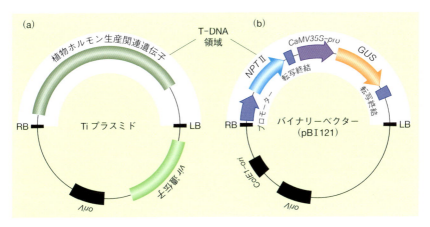

図14・1 (a) Tiプラスミドと (b) 一般的なバイナリーベクター (pBI 121)　*oriV*: アグロバクテリウムで機能する複製開始点. RB: T-DNA 右側境界領域で, 植物ゲノムへの T-DNA の組込みの際の開始点を含む. LB: T-DNA 左側境界領域で, T-DNA 組込み終結点を含む. *ColE1-ori*: 大腸菌で機能する複製開始点. *NPTⅡ*: 薬剤耐性遺伝子で, 形質転換の選択マーカーとしてはたらく. *CaMV35S-pro*: カリフラワーモザイクウイルス由来の 35S プロモーター配列. *GUS*: β-グルクロニダーゼ遺伝子.

また別なプラスミド, Ri (root inducible) プラスミドをもつアグロバクテリウムもある. Ri プラスミドをもつアグロバクテリウムが植物細胞に感染すると, 同様の機構で植物体に毛状根[*4]が形成される.

14・1・3 アグロバクテリウムを利用する形質転換

アグロバクテリウムを用いる植物細胞形質転換法では, *vir* 遺伝子産物が T-DNA 領域を植物細胞の核 DNA へ移行させる能力を利用する. 移行に必要な T-DNA 領域の両端 (RB と LB) を残し, 内側を外来遺伝子に置き換えることで外来遺伝子を植物へ導入する. Ti プラスミドをもとにして, 大腸菌とアグロバクテリウムの二つの宿主で増殖できる**バイナリーベクター**が開発されている (図14・1b). バイナリーとは "二つの" という意味で, 二つの宿主で増殖可能であることを意味している. 代表的なバイナリーベクターである pBI 121 には, 大腸菌とアグ

[*4] **毛状根**: 土壌細菌のアグロバクテリウムに植物が感染すると, 本来根ができない場所に形成される不定根. アグロバクテリウムの Ri プラスミド内の T-DNA 領域にオーキシンの感受性を高める遺伝子などがあり, それらが植物の核 DNA に組込まれるとオーキシン感受性が高まって不定根が形成される.

ロバクテリウムでの増殖のための二つの複製起点のほか，薬剤耐性遺伝子などが組込まれている．このバイナリーベクターに目的遺伝子を組込み，T-DNA 領域の移行に必要な vir 遺伝子を組込んだヘルパープラスミドをもつアグロバクテリウムに導入する（図 14・2）．本来宿主ではないイネなどにアグロバクテリウム法を用いる場合には，vir 遺伝子群がそのままでは発現しないため，化合物で vir 遺伝子群を発現誘導して T-DNA 領域を核 DNA に移行させる．

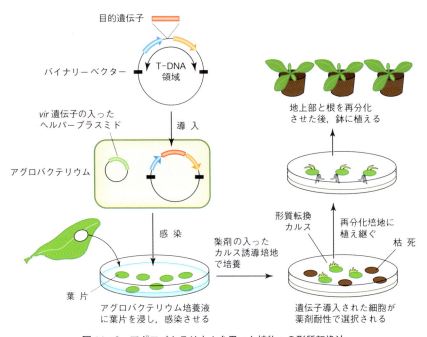

図 14・2　アグロバクテリウムを用いた植物への形質転換法

　形質転換されたアグロバクテリウムの培養液に，導入したい植物から切り出した組織片を浸し，アグロバクテリウムを感染させる．形質転換に用いる植物組織片の種類は植物種によって異なる．たとえば，イネでは完熟種子の胚盤細胞，タバコでは成熟葉の葉片，ミヤコグサでは幼植物の胚軸が使われる．アグロバクテリウムに感染させた植物組織片を選抜用の薬剤を入れたカルス誘導培地で培養し，感染させた組織片からカルスを形成させる．目的遺伝子が導入された形質転換細胞は薬剤耐性をもつため，薬剤選抜培地でも生育可能となる．選抜されたカルスを再分化培地

に植え継ぎ，カルスから地上部と根を再生して，遺伝子組換え植物体をつくる．

14・1・4 アグロバクテリウムを利用しない形質転換法

アグロバクテリウムを利用しない植物細胞形質転換法として，パーティクルガン法やウイスカー法などがある．パーティクルガン法ではDNAを塗布した金などの微粒子を高圧ガスで細胞に撃ち込む．ウイスカー法ではホウ酸アルミニウムなどの針状結晶で植物細胞に穴を開けて，DNAを導入する．どちらの方法も物理的な方法であるため，アグロバクテリウムの感染効率が低い植物種にも遺伝子導入ができる．ただしアグロバクテリウム法に比べ，導入される遺伝子が多コピーになることや導入遺伝子の断片化が起こりやすいことが欠点である．パーティクルガン法とウイスカー法のどちらの方法でも，植物体を得るにはカルス形成を経て再生する必要がある（表14・1参照）．

14・1・5 フローラルディップ法

シロイヌナズナでは，つぼみの時期にアグロバクテリウムの懸濁液に浸すだけで，つぼみの卵細胞にベクターが導入される．花茎が伸びた時期のシロイヌナズナの一次花序を摘み取り，多数の花芽を誘導する．多数の花芽が誘導された個体の地上部をアグロバクテリウム懸濁液に浸して，感染させる（図14・3）．その後通常の条件で栽培し，できた種子を収穫し，選択用の薬剤を入れた培地で発芽させ，形質転換された個体を選抜する．このようにして得られた形質転換体は，外来DNAが二組のうちの一方の染色体に挿入されたヘテロ接合体である．ヘテロ接合体を自家受精させた次世代からホモ接合体を選抜する．フローラルディップ法ではカルス形成と植物体の再生過程を経ずに形質転換された個体が得られるので，簡便に大量の形質転換体を作出できる．

14・1・6 葉緑体形質転換法

葉緑体は，細胞核とは別に，葉緑体固有のDNAと転写翻訳システムをもち，細胞内で分裂して細胞内で維持される．たとえばタバコの葉緑体DNAには約120の遺伝子がコードされている．核DNAではなく，葉緑体DNAに目的遺伝子を導入することで，有用なタンパク質を葉緑体

アグロバクテリウム懸濁液

図14・3 フローラルディップ法

内で発現させたり，葉緑体遺伝子の機能解析ができる．葉緑体には葉緑体固有の相同組換え機構がある．葉緑体形質転換法では，この相同組換え機構を利用して，葉緑体DNAの特定の部位で組換えを行う．葉緑体内で目的遺伝子を発現させることによってタンパク質の高蓄積が可能となり，細胞質では有害なタンパク質も葉緑体内では発現可能で，遺伝子サイレンシング*5がなくなるなどの利点がある．

　葉緑体DNAの相同領域の間に，選抜用マーカー遺伝子やレポーター遺伝子を挿入したベクターが開発されている．葉緑体形質転換法では，まずパーティクルガン法で葉片にベクターを導入し，相同領域で葉緑体DNAと組換えを起こす（図14・4）．葉片から選抜培地上で不定芽を誘導するので，カルスを経ないで植物体を得られる．葉緑体形質転換にはタバコやレタスがよく用いられる．

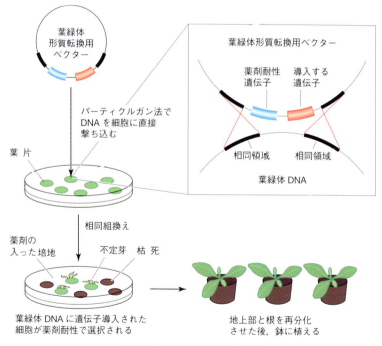

図14・4　葉緑体形質転換法

---

*5 **遺伝子サイレンシング**：外来遺伝子を導入しても正常に発現しない現象．外来遺伝子が重複して組換えられ，メチル化などにより発現が抑制される場合や，外来遺伝子と相同な内在遺伝子の間の相互作用により，どちらの遺伝子も発現が抑制される場合などがある．

14・1・7 その他の形質転換法

世代時間の短いシロイヌナズナの場合でも §14・1・3～14・1・6 で述べた形質転換法は操作に長期間（数カ月）を要する．そこで短期間で導入遺伝子を発現させて解析できる一過的形質転換法が開発されている．アグロインフィルトレーション法では，病気などに関与する遺伝子をアグロバクテリウムに組込み，葉などに感染させることで一過的に遺伝子を導入する．病気の症状が出ない個体を選べば抵抗性をもつ系統を短期間で選抜できる．また植物培養細胞をプロトプラスト化（細胞壁を除くこと）し，ポリエチレングリコールを作用させるとDNAが細胞内に取込まれるという導入法もある．植物ウイルスベクターを利用する方法やゲノム編集法（第15章参照）も利用されている．

14・2 遺伝子組換え植物の利用

14・2・1 遺伝子組換え植物の基礎研究での利用

植物での目的遺伝子の機能を調べるためにいくつかの方法が用いられている．たとえば，対象とする遺伝子のアンチセンス鎖を発現させることによって，その遺伝子の発現量を抑制して遺伝子の機能を調べる方法（アンチセンス法）や，二本鎖RNAを利用したRNAi（第4章参照）によって遺伝子の発現を抑えて機能を調べる

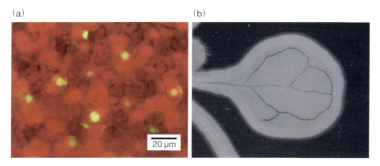

図 14・5　FD タンパク質の細胞内局在と，植物体での *FT* 遺伝子の発現部位の解析
FT タンパク質は花芽形成に関与するタンパク質で，FD タンパク質は FT タンパク質と相互作用する転写因子である．(a) GFP タンパク質を融合した FD タンパク質をタバコの葉で一過的に発現させたもの．赤色はクロロフィルの蛍光で葉緑体が全面に赤く見える．核内で発現した GFP の緑色蛍光と背景の赤色の蛍光によって核は黄色に見える．つまり GFP と融合した FD タンパク質が核に局在することがわかる．(b) *GUS*（β-グルクロニダーゼ）遺伝子を *FT* 遺伝子のプロモーターに融合させて，*FT* 遺伝子の発現部位を調べた．GUS の酵素活性によって子葉の維管束部分が線状に染まっていることから，維管束で *FT* 遺伝子が発現することがわかる．（写真提供：東京大学大学院理学系研究科　阿部光知博士）

方法がある．特定の遺伝子に T-DNA を挿入して機能を破壊した遺伝子欠損株も遺伝子機能解析に利用されている．反対に，カリフラワーモザイクウイルス 35S（CaMV35S）プロモーターなどの高発現プロモーターを利用して特定遺伝子の発現量を高めた過剰発現株を用いることで，遺伝子の機能を調べられる．

また，GFP 遺伝子と目的遺伝子を融合して発現させれば，細胞内でのタンパク質の局在を調べられる（図 14・5a）．GUS（β-グルクロニダーゼ）遺伝子を目的遺伝子のプロモーターに融合し，GUS の基質を添加することで発色あるいは蛍光で植物体内での遺伝子発現部位を調べることもできる（図 14・5b）．

14・2・2 遺伝子組換え植物の商業的な利用

1980 年代に初めて遺伝子組換えタバコがつくられた．その約 10 年後に，ペクチン加水分解酵素の産生を抑制し，日持ちを良くした遺伝子組換えトマトが米国で販売された．それ以後，除草剤耐性ダイズ，害虫抵抗性トウモロコシ，ウイルス耐性パパイヤ，β-カロテン強化イネなどの多数の遺伝子組換え作物がつくられ，海外では商業的に広く栽培されている．

a. 除草剤耐性ダイズ　ダイズは遺伝子組換え体の利用が最も進んでいる作物で，2016 年，世界のダイズの栽培面積の約 8 割で遺伝子組換え品種が栽培されている．そのうち最も栽培面積が広いのは除草剤耐性品種である．除草剤のグリホサートは，生育に必要な芳香族アミノ酸の生合成経路の酵素 5-エノールピルビルシキミ酸-3-リン酸合成酵素（EPSPS）と特異的に結合して，その活性を阻害する．グリホサートを散布された植物は芳香族アミノ酸の合成ができなくなり枯死する（図 14・6）．ダイズの耐性品種にはグリホサートに阻害されない細菌由来の改変 EPSPS の遺伝子が導入されているため枯死しない．微生物によって分解されやすいグリホサートは環境への負荷が小さい除草剤であるため，耐性品種とともに広く利用されてきたが，近年グリホサート耐性雑草の生育拡大が問題となっている．

b. ウイルス抵抗性パパイヤ　パパイヤリングスポットウイルス（PRSV）はパパイヤに感染して生育不良や果実形成不良を起こす．PRSV 抵抗性品種の育種が難しく，感染拡大が問題になっていた．そこで，タバコモザイクウイルスのコートタンパク質の遺伝子を導入したタバコがタバコモザイクウイルスに抵抗性をもつという知見を活かして，1980 年代に PRSV のコートタンパク質の遺伝子を導入したパパイヤがつくられた．PRSV 抵抗性をもつこの組換えパパイヤと優良品種を掛け合わせたハイブリット品種（レインボー）が実用化された．ハワイのパパイヤの

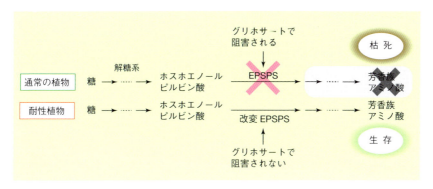

図 14・6　グリホサート耐性形質転換ダイズにおける改変 EPSPS による芳香族アミノ酸の合成

77%がこのハイブリット品種（2011年現在）である．日本では2011年から，このパパイヤ品種の輸入が承認され，販売されている．

c. 青いバラやカーネーション　多くの植物種の花の色は，花弁細胞の液胞に蓄積しているアントシアニンと総称される多様な色素の色である．本来，青い色素を合成する酵素をもたないバラやカーネーションでは，品種同士の掛け合わせで行われる従来型の品種改良では青色の花をつくり出せなかった．青色を示すデルフィニジン系のアントシアニン色素を合成する遺伝子が形質転換技術によりバラやカーネーションに導入され，生花として商品化された．バラにはパンジーの色素合成遺伝子，カーネーションにはペチュニアの色素合成遺伝子が導入されている．

14・2・3　遺伝子組換え植物の利用状況

a. 遺伝子組換え作物の栽培・利用状況　遺伝子組換え（genetically modified）作物は GM 作物ともよばれ，2016年現在，世界26カ国において約1億8000万 ha で栽培されており，地球上の全栽培面積の12%程度を占めている．作物別では，ダイズ，トウモロコシ，ワタ，ナタネの順で多く，除草剤耐性品種や害虫抵抗性品種，それらを掛け合わせたスタック品種の栽培面積が多い．日本では，鑑賞用の遺伝子組換えバラとカーネーションの栽培以外には，2016年現在，遺伝子組換え作物の商業的な栽培は行われていない．しかし，日本のダイズ，トウモロコシ，ワタ，ナタネの自給率は低いため，日本に輸入され消費されているこれらの作物の多くは遺伝子組換え作物と考えられる．これらの作物は食用油，しょうゆなどの食品や家畜の飼料に利用されている．

b. 遺伝子組換え植物の利用規制　　日本での遺伝子組換え作物の利用は，安全性を評価する法律で用途ごとに規制されている．遺伝子組換え植物の栽培には『遺伝子組換え生物等の使用等の規制による生物の多様性の確保に関する法律（カルタヘナ法）』により，環境や生物多様性への影響が評価され使用が規制されている．食品や飼料としての利用は食品衛生法，食品安全基本法，飼料安全法により規制されている．これらの作物の安全性審査によって利用が承認されてから，国内への輸入や国内での栽培，食品や飼料としての利用が許可される．

演習問題

14・1　アグロバクテリウム法での形質転換法と，カルスを用いた植物体の再生方法を説明しなさい．

14・2　葉緑体形質転換法のしくみと利点を説明しなさい．

14・3　商業的に栽培されている遺伝子組換え植物について，その利用目的と導入された形質を2例説明しなさい．

15 ゲノム編集
遺伝子特異的破壊と配列導入

概要　ゲノム編集とは，DNA切断人工酵素によってDNAの特定の領域を二本鎖切断し，その修復過程を利用して，塩基配列を自在に改変する技術のことである．この効率の良いゲノム編集技術が開発されたことで，細胞のみならず個体でも容易に遺伝子操作が可能となり，遺伝子組換え作物や遺伝子改変マウスの作製，医療応用等にも重要な技術となってきている．

重要語句　DNA切断人工酵素，CRISPR-Cas9，ガイドRNA，sgRNA，非相同末端結合（NHEJ），相同組換え

行動目標
1. ゲノム編集技術とは何かを説明できる．
2. CRISPR-Casシステムの原理を説明できる．
3. ゲノム編集技術を使った応用例をあげることができる．

　ゲノム編集（genome editing）とは，DNAを人工的に切断し，細胞のもつDNA修復機能を巧みに利用して，目的の遺伝子を正確に改変する（破壊したり，別の配列を導入したりする）技術である．この技術は，その作業に用いる配列と酵素の名前から **CRISPR**（clustered regularly interspaced short palindromic repeats）**-Cas9**（CRISPR-associated protein 9）システムとよばれる．CRISPR-Cas9システムを応用することで，これまでマウスなどES細胞株が樹立された種においてのみ可能であった遺伝子改変動物作製が，理論上あらゆる生物種・植物種で，しかも短期間で行えるようになった．

15・1　DNA切断人工酵素

　DNA切断人工酵素は，任意のDNA配列に特異的に結合して切断する酵素のことで，"人工制限酵素"と"RNA誘導型ヌクレアーゼ"に大別される．人工制限酵素は，転写因子のDNA結合ドメインを利用して標的配列を認識し，切断する．一方，RNA誘導型ヌクレアーゼは**ガイドRNA**とよばれる短いRNAを利用して標的配列と結合し，DNA配列を切断する．このようなRNA誘導型ヌクレアーゼとして今日最も有名なのがCas9である．

CRISPR-Cas9システムはもともと，バクテリオファージなどの外来DNAを切断するための，細菌の獲得免疫機構である（図15・1）．細菌は，バクテリオファージなどを介して外部から侵入したDNAをCas[*1]によって断片化し，その一部をCRISPRとよばれるゲノム領域に取込んで記憶する．Casが認識する配列をPAM

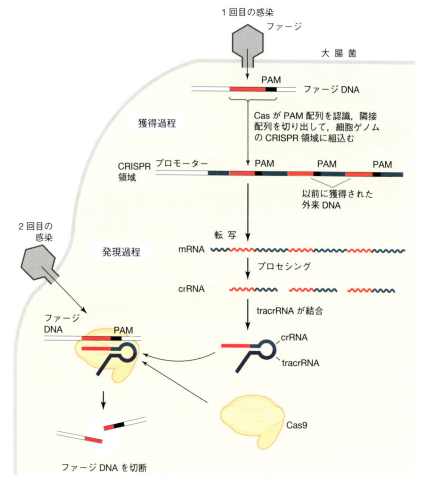

図15・1 細菌の獲得免疫機構としてのCRISPR-Cas9システム

[*1] Casにはいくつかの型のアイソフォームがある．外来遺伝子を切断してCRISPR領域に取込む段階ではCas9とは別なアイソフォームが働く．

(proto-spacer adjacent motif) 配列とよぶ．こうして，CRISPR 領域には過去に侵入したファージ DNA の情報が蓄積される．その後，取込んだ外来 DNA を鋳型としてクリスパー RNA (crRNA) を生成する．crRNA はさらに，トランス活性クリスパー RNA (trans-activating CRISPR RNA, tracrRNA) とよばれるもう一つの短い RNA と融合する．この細菌にファージが再び侵入すると，Cas9 と crRNA-tracrRNA 複合体がファージ DNA の相補配列に結合して，Cas がファージ DNA を二本鎖切断する．

このシステムを簡略化し，狙った DNA 配列を簡単に切断できるようにしたのがゲノム編集技術である．

15・2　CRISPR-Cas9 による DNA の二本鎖切断

原核生物の CRISPR-Cas システムでは，外来 DNA の取込み，crRNA の転写，tracrRNA の転写と融合まで，DNA 切断の準備に複数のステップを踏む．ゲノム編集技術では，あらかじめ tracrRNA などを含む scaffold (足場) 配列と Cas9 の遺伝子を組込んだベクターを利用する（図 15・2）．このベクターに標的配列を組込むことで，標的配列と scaffold (足場) 配列が融合したシングルガイド RNA (single guide RNA, **sgRNA**) が転写される．これを細胞に導入して発現させるだけで，標的配列を切断する DNA 切断酵素として機能する．

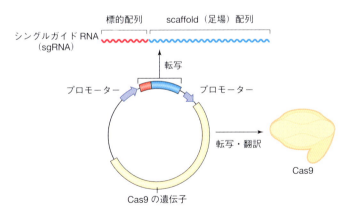

図 15・2　ゲノム編集用のプラスミド　標的配列を含むガイド RNA と Cas9 の両方が発現するようになっている．Cas9 を別なベクターに乗せて共発現させてもよい．

15・3　二本鎖切断された DNA の修復経路

二本鎖切断された DNA は，① 非相同末端結合（non-homologous end-joining, NHEJ）や ② 相同組換え（homologous recombination）などの機構によって修復される（図 15・3）．CRISPR-Cas9 システムで標的遺伝子配列を切断したあと，この二つの修復経路を利用して，遺伝子破壊あるいは配列の挿入を行うことができる．

① の NHEJ では，切断された DNA 二本鎖を鋳型なしにつなぎ合わせるため，結合時にエラーが起こりやすく，欠失変異や，数塩基から数十塩基の挿入変異が生じることがある．そこで CRISPR-Cas9 システムで標的遺伝子を切断して，NHEJ に伴う変異が起これば，その遺伝子の機能が阻害されることになる（図 15・3 左，赤い箇所）．

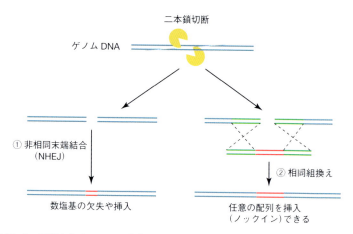

図 15・3　切断された DNA 二本鎖の修復　切断された DNA 二本鎖は，相同配列がない場合は，鋳型なしに非相同末端結合によって（左），相同配列（緑色の領域）がある場合は相同組換えによって（右），修復される．

CRISPR-Cas9 システムのもう一つの利用法は，② 相同組換えによる塩基配列の導入である．相同組換えは正しい配列を鋳型とした DNA 修復機構で，NHEJ と比較してエラーが起こりにくい．通常の相同組換え修復では姉妹染色分体を鋳型とするが，遺伝子編集では，二本鎖切断部位の 5′ 側と 3′ 側に相同領域（図 15・3 右，緑の領域）をもつ 1000 塩基以上の DNA 配列を導入しておく．すると，これを鋳型として効率良く相同組換えが起こり，任意の塩基配列（図 15・3 右，赤い領域）を挿入する（ノックインする）ことができる．

15・4 CRISPR-Cas9 システムを用いた遺伝子編集法

CRISPR-Cas9 システムを用いた遺伝子編集は以下のように行う.

① 標的配列の選択:

目的遺伝子のゲノム DNA 配列情報をデータベースから入手し, 標的配列を探し出す. ゲノム配列情報から, 改変したい領域内の PAM 配列 (5′-NGG-3′) を検索する. Cas9 は PAM 配列を認識し, その 5′ 側上流 3 塩基目と 4 塩基目の間の DNA 配列を切断するので, PAM 配列の 5′ 側直前 20 塩基を標的配列として選択する. ただし, この 20 塩基と似た配列がゲノム上の他の領域に存在すると, CRISPR-Cas9 が標的配列以外の類似配列を意図せず切断してしまう (オフターゲット効果) 可能性があるので, できるだけ類似配列の少ない標的配列を選択する必要がある[*2].

② CRISPR-Cas9 発現プラスミドの作製 (図 15・4):

ここでは, sgRNA と Cas9 を同時に一つのベクターで発現できるプラスミドベクター pX330 を用いた方法について説明する. ① で選択した標的配列 20 塩基の 5′ 端に制限酵素 *Bbs*I の切断末端配列を付加したオリゴ DNA をセンス鎖・アンチセンス鎖の 2 種類化学合成する. センス鎖・アンチセンス鎖を対合させた標的配列を制限酵素 *Bbs*I で切断したプラスミドに組込む. 大腸菌を形質転換して培養し, 標的配列が組込まれたプラスミドを精製する.

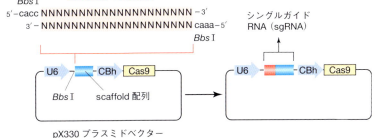

図 15・4 CRISPR-Cas9 発現プラスミド ベクターには, あらかじめ U6 プロモーターと CBh (chicken beta-actin hybrid) プロモーターが組込まれている. 細胞中では, U6 プロモーターによって標的配列と scaffold (足場) 配列が融合したシングルガイド RNA (sgRNA) が発現し, CBh プロモーターによって Cas9 が発現する.

[*2] ゲノム配列をコピー&ペーストするだけで, オフターゲット効果の最も少ない標的配列を探し出すウェブサイトがたくさんあるので, このような無料サイトを利用するとよい. たとえば CRISRPdirect (https://crispr.dbcls.jp/) など.

③ sgRNA,Cas9 ヌクレアーゼの発現:
CRISPR-Cas9 発現プラスミドで細胞を形質転換する.標的配列は,ベクター pX300 にあらかじめ組込まれている U6 プロモーターによって sgRNA として転写され,CBh プロモーターによって発現した Cas9 と複合体を形成する.

④ Cas9 による標的配列の二本鎖切断:
sgRNA-Cas9 複合体は DNA 上の PAM 配列を検索する.PAM 配列の上流にガイド RNA と相補的な DNA 配列を見つけると,Cas9 が PAM 配列の上流 3 塩基目と 4 塩基目の間の DNA 配列を二本鎖切断する(図 15・5).

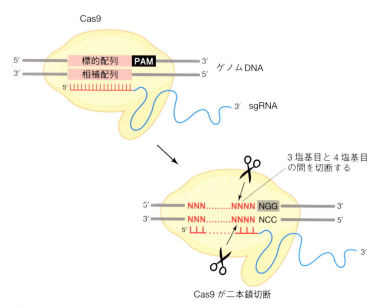

図 15・5　CRISPR-Cas9 複合体による DNA の二本鎖切断　pX330 から sgRNA と Cas9 が生成され,複合体を形成する.sgRNA はガイド RNA と相補的な DNA 配列に Cas9 を誘導する.Cas9 は PAM の上流 3 塩基目と 4 塩基目の間を二本鎖切断する.

この後,非相補的末端結合により,標的遺伝子に変異が導入される.標的配列と相同配列をもつ 1000 塩基以上の一本鎖オリゴヌクレオチドや二本鎖 DNA を細胞に導入しておけば,Cas9 による二本鎖切断後に,相同組換えで任意の配列を挿入することもできる(図 15・3 参照).

15・5 CRISPR-Cas9 システムの応用例
15・5・1 遺伝子改変マウスの作製

　従来の ES 細胞を用いた遺伝子改変マウス作製法では，相同組換えの効率が低く，キメラマウスの作製から遺伝子改変マウス誕生まで，長い時間と多大な労力が必要だった．CRISPR-Cas9 を用いたゲノム編集技術の登場により，狙った遺伝子に効率良く，欠失やフレームシフトなどの変異を導入できるようになり，以前は半年から 1 年以上かかっていたノックアウトマウスの作製が，早ければ数カ月で実施できるようになった．sgRNA と Cas9 を受精卵に発現させて標的配列を二本鎖切断し，それに伴う非相同末端結合による鋳型なしの修復機構を利用して，ゲノム編集する．ゲノム編集した受精卵を偽妊娠マウス（仮親）の子宮に移植すれば，キメラマウスを経ずに，ノックアウトマウスが生まれる．さらに複数のガイド RNA を導入することで，理論上，複数の遺伝子を同時に改変することもできる．sgRNA および Cas9 と同時に，1000 塩基以上の DNA 配列を導入すれば，二本鎖切断された部位に，相同組換えで任意の塩基配列をノックインすることもできる．

15・5・2 遺伝子組換え作物の作製

　これまでの相同組換えを利用した遺伝子改変動物作製法は，ES 細胞株が樹立されているマウスのみに利用可能であった．CRISPR-Cas9 システムを利用すれば，マウス以外の動物種や植物の遺伝子も自在に編集し，組換えることができる．米国で食品の安全を監督する食品医薬品局（FDA）は，ポリフェノールオキシダーゼ遺伝子の一部を CRISPR-Cas9 で破壊し，成熟しても茶褐色に変色しにくくした遺伝子編集マッシュルームを組換え生物規制の対象外とし，このマッシュルームは米国で栽培・販売できるようになった．

演習問題
15・1　ゲノム編集技術とは何か数行で説明しなさい．
15・2　CRISPR-Cas9 は，細菌では本来どのような役割を担うシステムか説明しなさい．
15・3　CRISPR-Cas9 システムによる遺伝子編集（欠失・挿入）の原理を説明しなさい．
15・4　CRISPR-Cas9 を利用したターゲティングマウス作製法が，既存の方法よりも優れている点を説明しなさい．

演習問題 答案用紙　　　　　提　出　日　　　　年　　月　　日

学生証番号

1. 遺伝子工学実践編 概論

氏　名＿＿＿＿＿＿＿＿＿＿＿＿＿＿＿＿

1・1 皮膚がんの一つメラノーマでは，*B-Raf* というがん遺伝子の発現が上昇している．しかしながら，*B-Raf* 遺伝子以外にもメラノーマ発症に関係する遺伝子の発現が上昇していると考えられる．こうした遺伝子を探索するために，どのような網羅的遺伝子解析法を行えばよいか．またそれを確認するためにどのような標的遺伝子解析法が考えられるか．

1・2 *in silico* 解析，*in vitro* 解析，*in vivo* 解析とは具体的にどういうものか．それぞれ一つずつ例をあげて説明しなさい．

1・3 株化細胞はどのように樹立されるかを説明しなさい．また初代培養細胞との性質の長所と短所を述べなさい．

1・4 疾患解析に適したモデル動物を選択するために，考慮すべき点を五つあげなさい．

2. ゲノム DNA 解析，mRNA 解析

2・1 ゲノム DNA の挿入や欠失，点変異などの存在を判定するためにサザンブロット解析を行った．正常なゲノム DNA のある部分(A)には三つの *Eco*RI 切断部位(*Eco*RI-1，*Eco*RI-2，*Eco*RI-3) が存在し，*Eco*RI で切断後，下図に示したプローブでサザンブロット解析を行うと 2.0 kbp と 3.5 kbp のバンドが検出される．この領域のゲノム DNA に 0.8 kbp の挿入があった場合(B)，0.5 kbp の欠失があった場合(C)，*Eco*RI-2 部位に点変異があり制限酵素で切断されない場合(D)，それぞれの場合に検出される DNA 断片の長さを答えなさい．

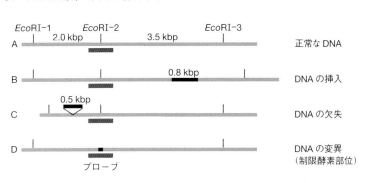

2・2 組織でのmRNAの発現量を解析したい．ノーザンブロット解析，*in situ* ハイブリダイゼーション解析，qRT-PCRの使い分けを説明しなさい．

2・3 qRT-PCRの手順を注意すべき点をあげながら説明しなさい．

演習問題 答案用紙　　　　　　　　　提 出 日　　　　年　月　日

学生証番号

3. 転写制御解析

氏　名＿＿＿＿＿＿＿＿＿＿＿＿

3・1　がん細胞の増殖に関わると考えられる転写因子Aを見いだした．この転写因子Aは遺伝子Bの発現を制御することはわかっているが，遺伝子Bの転写制御領域のどこに結合するかは不明である．これを調べるためには，どのような方法があるか，方法の名前，原理，実験方法を説明しなさい．

3・2 ゲルシフトアッセイを行ったところ，DNA バンドのほかに，DNA-タンパク質複合体と考えられる大きさの異なるバンドが二つ検出された．どのような可能性が考えられるか考察しなさい．

3・3 解析対象の転写因子に対する抗体を用いてクロマチン免疫沈降法を行った．この抗体で転写因子が免疫沈降したことは確認した．その後，タンパク質を分解したのち，PCR を行ったが，DNA がまったく増幅してこなかった．考えられる要因をあげなさい．

4. RNAi による遺伝子発現抑制

4・1 化学合成した二本鎖 RNA（siRNA）を細胞内に導入した際に，どのようにして目的遺伝子の発現が抑制されるかを説明しなさい．

4・2 実験室で培養可能な不死化脂肪前駆細胞株は，ある薬剤を添加し10日間培養することで脂肪細胞へ分化する．この不死化脂肪前駆細胞株を用いて，ある遺伝子 b の脂肪細胞分化における必要性を RNAi 実験により調べたい．脂肪前駆細胞の分化には10日間を要するため，長期間にわたり遺伝子 b の発現を抑制する必要がある．どのような方法で RNAi による遺伝子発現抑制を行うべきかを答えなさい．

4・3 RNAiにより観察された表現型が目的遺伝子の発現抑制により誘導されたものであることを確認する際に，目的遺伝子の異なる部位を標的とする複数のsiRNAを用いることが有効である理由を説明しなさい．

4・4 図4・4に示した実験においてsiRNA-1を導入した際にはタンパク質Xの量に変化はなく，siRNA-2と同時にsiRNAに抵抗性の遺伝子aの発現ベクターを導入した際にもタンパク質Xの量が減少したままであったとする．この場合，遺伝子aの発現抑制によりタンパク質Xの量は減少すると結論づけて構わないか．

演習問題 答案用紙　　　　　　　　提 出 日　　　　　年　　月　　日

7. タンパク質検出法と機能解析(2)

学生証番号

氏　　名 _____

7・1　タンパク質Xの細胞内での存在部位を調べたいが，タンパク質Xを認識できる抗体は入手できない．タンパク質Xの細胞内での存在部位を知る方法としてどのような方法があるか説明しなさい．

7・2　タンパク質Yの遺伝子を破壊したマウス（ノックアウトマウス．第12章参照）は腎臓に異常がみられた．正常マウスでタンパク質Yが腎臓のどの細胞に存在するかを知るためにはどのような実験を行えばよいか．タンパク質Yに対する抗体は入手可能である．

7・3 ある培養細胞において，細胞表面に5種類の異なるタンパク質 A, B, C, D, E が同時に存在している細胞の割合を知りたい．このような目的に適すると思われる方法について具体的なやり方も含め説明しなさい．

7・4 下図はある白血球の前駆細胞と，前駆細胞から分化，成熟してきた白血球細胞の細胞表面タンパク質 A と B をフローサイトメトリーにより検出したものである．前駆細胞から白血球に分化する際に，細胞表面のタンパク質 A と B の量はどのように変化するか．

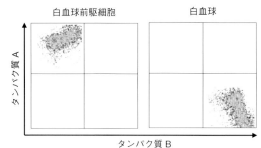

演習問題 答案用紙　　　　　　　　　　提　出　日　　　　　年　　月　　日

学生証番号

8. 部位特異的変異の導入とその応用

氏　　名＿＿＿＿＿＿＿＿＿＿＿

8・1　部位特異的変異導入で何ができるか列挙しなさい．

8・2　下図に示す配列（赤い部分）に点変異を導入し，制限酵素 *Bam*HI（GGATCC 配列を認識する）で切断できるようにしたい．変異導入に必要なプライマーを設計しなさい．ただし，両端のプライマーは 10 ヌクレオチド，中央部分のプライマーは点変異導入部から両側に 10 ヌクレオチドずつの 21 ヌクレオチドとする．さらにそのプライマーを使って，点変異を導入する方法を説明しなさい．

5′- CGTCGTTTTACAACGTCGTGACTGGGAACCCTGGCGTTACCCAACGCTTTAGG -3′
3′- GCAGCAAAATGTTGCAGCACTGACCCTTGGGACCGCAATGGGTTGCGAAATCC -5′

8・3 下図に示す配列の GAC（アスパラギン酸のコドン）を終止コドン（TGA）に置換するのに必要なプライマーを設計しなさい．ただし，両端のプライマーは 10 ヌクレオチド，中央部分のプライマーは変異導入部から両側に 6 ヌクレオチドずつの 15 ヌクレオチドとする．さらにそのプライマーを使って，終止コドンに置換する方法を説明しなさい．

5'- ATAAGCATCGTCGTTTTACAACGTCGTGACTGGGAAAACCCTGGCGTTACCCAAC -3'
3'- TATTCGTAGCAGCAAAATGTTGCAGCACTGACCCTTTTGGGACCGCAATGGGTTG -5'

9. タンパク質間結合の解析法

9・1 タンパク質 X と結合するタンパク質の探索を行いたい．タンパク質 X をコードする遺伝子の cDNA のみが入手できた．入手した cDNA を用い，大腸菌，昆虫細胞，哺乳動物細胞などで GST 融合タンパク質 X を得ようとしたが，GST 融合タンパク質 X は不安定であり大量にタンパク質を得ることはできなかった．一方，酵母内でタンパク質 X を発現させることは可能であった．このような条件において，どのような方法で結合タンパク質の探索を行うことが可能であるか．

9・2 タンパク質 X とタンパク質 Y は大腸菌で発現，精製することができる．このような条件において，タンパク質 X がタンパク質 Y と直接結合するかどうかを知るためにはどのような方法が適しているか．

9・3 ヒトの上皮細胞内に存在しているタンパク質 X とタンパク質 Y が結合するかを調べたい．タンパク質 X に対し高い特異的結合能をもつ抗体が入手できる場合，どのような方法で結合を調べるのが適切であると考えられるか．

9・4 タンパク質 X とタンパク質 Y の細胞膜における結合について，刺激に応じた変化を経時的に調べたい．現在，遺伝子導入効率の高い哺乳動物細胞，哺乳動物細胞に CFP 融合タンパク質 X と YFP 融合タンパク質 Y を発現させることができるプラスミド，蛍光強度を測定可能な蛍光顕微鏡が利用可能である．どのような方法で結合を調べるのが適切であると考えられるか．

演習問題 答案用紙　　　　　　　　提 出 日　　　　年　月　日

10. 遺伝子発現の網羅的解析法

学生証番号

氏　名＿＿＿＿＿＿＿＿＿＿＿＿＿＿＿

10・1　マイクロアレイはどのような原理を用いて何を分析する手法か説明しなさい．また，その原理を用いた類似の方法と異なる点はどのような点か，それによってどのような利点があるか説明しなさい．

10・2 下図はがん細胞と正常細胞の mRNA のマイクロアレイ解析の結果を示したヒートマップ（a）と散布図（b）である．がん細胞で特に高く発現している遺伝子はどれか．反対にがん細胞で発現の低い遺伝子はどれか．〔(a)のヒートマップの色は本文 p.93 の図を見ること〕

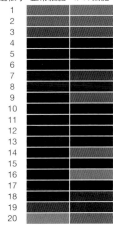

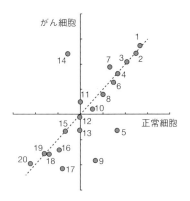

11. 次世代シークエンサーを用いた網羅的遺伝子解析

11・1 代表的な二つの次世代シークエンス法の原理について説明しなさい.

11・2 RNA-Seq, ChIP-Seq, DNAメチル化解析はそれぞれどういう目的で用いる方法であるか説明しなさい.

11・3 がん患者のクリニカルシークエンスはどのような目的でどのような方法で行われるか説明しなさい.

演習問題 答案用紙　　　　　　　　提 出 日　　　　年　月　日

11. 次世代シークエンサーを用いた網羅的遺伝子解析

学生証番号

氏　名＿＿＿＿＿＿＿＿＿＿＿＿＿＿

(つづき)

11・4　メタゲノム解析とはどのような解析でどのように利用されるか説明しなさい．

12. マウス個体を用いた遺伝子操作

12・1 下図はノックアウトマウスの作製に利用したベクターの構造である．相同組換えを起こした ES 細胞を選別するためには，どのようにすればよいか説明しなさい．

ターゲティングベクター

12・2 下図の直鎖状のベクターを受精卵に導入してトランスジェニックマウスを作製した．マウス由来のプロモーターは，すべての細胞で強く働くものである．このマウスから産まれた仔がトランスジェニックマウスであることを確認する方法を説明しなさい．GFP はオワンクラゲ由来の蛍光緑色タンパク質である．

12・3 あるタンパク質 X のノックアウトマウスは発生初期に死亡した．そこで，タンパク質 X のコンディショナルノックアウトマウスを作製して，血管内皮細胞特異的に Cre リコンビナーゼが発現する Tie2-Cre トランスジェニックマウスと交配させると，これも発生中期に死亡した．タンパク質 X の役割を出生後に解析するためには，どのようなマウスを作製すればよいか．

演習問題 答案用紙　　　提　出　日　　　年　月　日

13. 再生医療技術の開発

学生証番号

氏　名＿＿＿＿＿＿＿＿＿＿＿＿

13・1　体性幹細胞，ES 細胞，iPS 細胞の違いを説明しなさい．

13・2　乳量の多い母ウシとまったく同じ遺伝子をもつ子をつくるには，どのようにすればよいか．

13・3 クローン動物を利用した応用技術の可能性を五つあげなさい．

演習問題 答案用紙

14. 遺伝子組換え植物

14・1 アグロバクテリウム法での形質転換法と，カルスを用いた植物体の再生方法を説明しなさい．

14・2 葉緑体形質転換法のしくみと利点を説明しなさい．

14・3 商業的に栽培されている遺伝子組換え植物について，その利用目的と導入された形質を2例説明しなさい．

15. ゲノム編集

15・1 ゲノム編集技術とは何か数行で説明しなさい．

15・2 CRISPR-Cas9 は，細菌では本来どのような役割を担うシステムか説明しなさい．

15・3 CRISPR–Cas9 システムによる遺伝子編集(欠失・挿入)の原理を説明しなさい.

15・4 CRISPR–Cas9 を利用したターゲティングマウス作製法が,既存の方法よりも優れている点を説明しなさい.

索引

あ

ISH　15
IHC　61
iPS 細胞　122
アクセプター　82
アグロインフィルトレーション法　131
アグロバクテリウム　124, 126
足場配列　137
アセンブル　97
アデノウイルス　43
　――を用いた遺伝子導入法　46
RISC　29
RITR　46
Ri プラスミド　127
RNAi　4, 29, 131
RNA 干渉（RNAi）　4, 29, 131
RNA-Seq　104
RNA 誘導型ヌクレアーゼ　135
アルカリホスファターゼ　53
RGD モチーフ　69
アレイ　86
アンチセンスプローブ　15
アンチセンス法　131
安定的発現　37, 42

い

ES 細胞　111, 122, 141
EMSA　25
ELISA 法　50, 52
E カドヘリン　61
閾値　18
一塩基遺伝子多型　106

一塩基合成法　98
一次抗体　52, 58
1 分子リアルタイム法　102
一過性発現　37, 42
一過的形質転換法　125
遺伝子　1
遺伝子改変マウス作製　141
遺伝子組換え植物　124
遺伝子サイレンシング　130
遺伝子ターゲティング法　112
遺伝子変異　106
in situ ハイブリダイゼーション　4, 9, 15
in silico 解析　5
インターカレーション法　19
インターフェロン応答　30
インテグリン　69
in vitro 解析　5
in vivo 解析　5

う

ウイスカー法　129
ウイルス
　――を用いた遺伝子導入法　46
ウェスタンブロット法　4, 50, 55
ウミシイタケルシフェラーゼ　22

え

栄養選択遺伝子　75
エクソーム解析　104
siRNA　29
shRNA　31

SNP 解析　4, 106
SOE 法　69
sgRNA　137
SDS　56
HRP　25, 53
NHEJ　138
エピトープ　51, 62
FISH 法　16
FRET 法　82
エマルジョン PCR 法　97, 100
MARE 配列　72
Maf　72
MFG-E8　69
EMSA　25
ELISA 法　50, 52
LITR　46
loxP　114
エレクトロポレーション法　37, 43, 45

お

オフターゲット効果　32, 139
オーム解析　3

か

階層的クラスター分析　91
ガイド RNA　135
化学固定　59
可逆的ターミネーター法　97, 99
獲得免疫機構
　細菌の――　136
家系変異解析　106
過剰発現　4

索引

株化細胞 6
カルス 124
カルタヘナ議定書 116
カルタヘナ法 134
幹細胞 121
間接検出法 58

き

機能の獲得 36
機能の喪失 36, 109
キメラマウス 113
キメリズム 114
逆遺伝学 108
キャピラリー電気泳動法 95
qRT-PCR 10, 18
局 在 58
菌根菌 126

く

クエンチャー 19
クラウンゴール 126
クラスター 91
クリスパー RNA 137
CRISPR-Cas9 135
クリニカルシークエンス 105
グリホサート 132
β-グルクロニダーゼ 132
グルタチオン S-トランスフェラーゼ 38, 77
グルタチオンビーズ 38
クロマチン高次構造解析 105
クロマチン免疫沈降法 4, 27
クローン 118
クローン動物 118
クローンヒツジ 120

け

蛍光共鳴エネルギー移動 82
gain of function 36, 109
ゲノム 1
ゲノムプロジェクト 94
ゲノム編集 4, 114, 135
ゲルシフトアッセイ 25

こ

抗原抗体反応 51
酵母ツーハイブリッド法 75
個体識別 13
固定抗体 54
昆虫細胞
——でのタンパク質の発現法 41
コンディショナルノックアウトマウス 114
根粒菌 126

さ

細菌叢解析 107
再生医療 121, 122
細 胞
——の寿命 6
細胞系譜 8
細胞染色法 58
サザンブロット 9, 11
サンガー法 96
サンドイッチ法 54
散布図 89

し

crRNA 137
Cre リコンビナーゼ 114
GAL4 75
GST タグ 38, 77, 79
GST 融合タンパク質 38, 78
ChIP 27
ChIP-Seq 105
CFP 82
GFP 23, 61, 111
GFP 遺伝子 132
GM 作物 133
Sequencing by Synthesis 法 98
ジゴキシゲニン標識 15
自己複製能 121
シスエレメント 25
次世代シークエンサー 94
疾患関連遺伝子 88
C_t 値 18
シャトルベクター 46

16S 解析 107
GUS 遺伝子 132
樹形図 91
主成分分析 91
受精卵クローン 119
順遺伝学 108
ショウジョウバエ 7
——の遺伝子数 2
除草剤耐性 132
初代培養細胞 6
シロイヌナズナ 126
——の遺伝子数 2
シングルガイド RNA 137
人工制限酵素 135
人工多能性幹細胞 122

す

scaffold 配列 137
スクランブル siRNA 32
ストレプトアビジン 53, 62
SNP (single nucleotide polymorphism) 106
スプライシングアイソフォーム 13
スメアバンド 11

せ，そ

生殖細胞系列変異 107
西洋ワサビペルオキシダーゼ 25, 53
ゼブラフィッシュ 7
全ゲノム解析 103
センスプローブ 15
線 虫 7
——の遺伝子数 2
相同組換え 138
組織切片 62
SOLiD 法 97

た，ち

Dicer 29
体細胞クローン 119
体細胞変異解析 106

索引

休性幹細胞　122
胎生致死　114
大腸菌
　　——の遺伝子数　2
タグ　38, 59, 77
TaqManプローブ　19
ターゲットシークエンス　107
多能性　121
多変量解析　91
タモキシフェン　116

ChIP　27
ChIP-Seq　105
直接検出法　58

て

Dicer　29
DIG 標識　15
Ti プラスミド　124, 126
tracrRNA　137
dsRNA　29
DNA 切断人工酵素　135
DNA チップ　86
DNA 変性　9
DNA マイクロアレイ　10, 86
DNA メチル化解析　105
T-DNA　124, 126
定量的 RT-PCR　4, 10, 18
定量 PCR　18
デジタル遺伝子発現解析　104
de novo シークエンシング　103
テロメラーゼ　6
転写因子　22, 72
デンドログラム　91

と

凍結切片　62
ドナー　82
トランスエレメント　25
トランス活性クリスパー RNA
　　137
トランスクリプトーム解析　2
トランスジェニックマウス
　　109
トランスフェクション　24
トランスポゾン　111
ドリー　120

な 行

内部標準　22
ナノポア　102
ナノポアシークエンサー　102
二次抗体　52, 58
ニッケルビーズ　39
ネガティブコントロール　32
ノーザンブロット法　4, 9, 12
ノックアウトマウス　111, 141
ノックイン　138, 141
ノックダウン　31

は

胚細胞変異　107
バイサルファイト　105
胚性幹細胞　111, 122
バイナリーベクター　127
ハイブリダイゼーション　9
ハイブリドーマ細胞　51
培養細胞　6
パイロシークエンシング法　97
バキュロウイルス　41
バクミド　42
パッケージング細胞　48
発現抑制　4
パーティクルガン法　124
PAM 配列　139
パラフィン切片　62

ひ

pAdEasy-1　46
PAM 配列　136, 139
pX330　139
ビオチン　53, 62
pGEX ベクター　39
pShuttle　46
His タグ　38
非相同末端結合　138
ヒト　7
　　——の遺伝子数　2

ヒトゲノム解析プロジェクト
　　94
ヒートマップ　89
pBI121　127
pFastBac ベクター　42
PVDF 膜　55
標的遺伝子解析法　4

ふ

部位特異的変異導入　68
フィラデルフィア染色体　17
フォワードジェネティクス
　　108
賦活化処理　62
不死化　6
不死化細胞　51
不定芽　125
ブリッジ PCR 法　97, 98
プルダウン法　77
プレイ　76
プレシジョン医療　88
FRET　82
フローサイトメトリー　64
ブロッキング　26, 59
プロテイン A　80
プロテイン G　80
プロテオーム解析　2, 50
プロトン測定法　97, 100
プローブ法　19
プロモーター配列解析　72
フローラルディップ法　129

へ，ほ

ベイト　76
変異　106
変異エストロゲン受容体　115
ホスファチジルセリン　69
ホタルルシフェラーゼ　22
ポリクローナル抗体　51
翻訳後修飾　36

ま 行

マイクロアレイ解析　2

マイクロインジェクション法
　　　　　　　　　　43, 45
マイクロチップ　86
マウス　7, 108
　——の遺伝子数　2
マクロファージ　69
マッピング　97

ミニサテライト　13

メダカ　7
メタゲノム解析　104
メタボローム解析　2
メチル化解析　3, 105
免疫組織化学染色法　4, 50, 61
免疫沈降法　27, 50

毛状根　127
網羅的遺伝子解析　2, 94
モデル実験動物　6

モデル生物
　——の遺伝子数　2
モノクローナル抗体　51

や　行

薬剤選択　42

融解温度　10

葉緑体形質転換法　129

ら〜わ

リアルタイム PCR　18
リガーゼシークエンシング法
　　　　　　　　　　　97
リバースジェネティクス　109
リピドーム解析　3
リファレンス配列　97

リボソーム　44
リポフェクション法　37, 43, 44
緑色蛍光タンパク質
　　　　　　　23, 61, 111
リン酸カルシウム法　43

ルシフェラーゼ　22, 74

レトロウイルス　43
　——を用いた遺伝子導入法
　　　　　　　　　　　48
レポーターアッセイ　4, 22
レポーター遺伝子　75
レポーター解析　4, 22
レンチウイルス　111

loss of function　36, 111
loxP　114

YFP　82

講義ビデオダウンロードの手順・注意事項

[ダウンロードの手順]

1) パソコンで東京化学同人のホームページにアクセスし，書名検索などにより"基礎講義 遺伝子工学Ⅱ"の画面を表示させる．

2) 画面最後尾の 講義ビデオダウンロード をクリックすると下の画面（Windows での一例）が表示されるので，ユーザー名およびパスワードを入力する．（本書購入者本人以外は使用できません）

ユーザー名：**IDENSHIvideo2**
パスワード：**FUKAMI**

［保存］を選択すると，
ダウンロードが始まる．

ユーザー名・パスワード入力画面の例

※ ファイルは ZIP 形式で圧縮されています．解凍ソフトで解凍のうえ，ご利用ください．

[必要な動作環境]

データのダウンロードおよび再生には，下記の動作環境が必要です．この動作環境を満たしていないパソコンでは正常にダウンロードおよび再生ができない場合がありますので，ご了承ください．

　OS：Microsoft Windows 7/8/8.1/10，Mac OS X 10.10/10.11/10.12
　　　　（日本語版サービスパックなどは最新版）
　推奨ブラウザ：Microsoft Internet Explorer，Safari など
　コンテンツ再生：Microsoft Windows Media Player 12，Quick Time Player 7 など

[データ利用上の注意]

・本データのダウンロードおよび再生に起因して使用者に直接または間接的障害が生じても株式会社東京化学同人はいかなる責任も負わず，一切の賠償などは行わないものとします．

・本データの全権利は権利者が保有しています．本データのいかなる部分についても，フォトコピー，データバンクへの取込みを含む一切の電子的，機械的複製および配布，送信を，書面による許可なしに行うことはできません．許可を求める場合は，東京化学同人（東京都文京区千石 3-36-7，info@tkd-pbl.com）にご連絡ください．

深見希代子
ふかみ きよこ
1955年 千葉県に生まれる
1978年 岐阜薬科大学薬学部 卒
現 東京薬科大学生命科学部 教授
専門 病態医科学, 細胞生物学
医学博士

山岸明彦
やまぎし あきひこ
1953年 福井県に生まれる
1981年 東京大学大学院理学系研究科博士課程 修了
現 宇宙科学研究所 客員教授
東京薬科大学 名誉教授
専門 生化学, 分子生物学, 微生物学
理学博士

第1版 第1刷 2018年10月5日 発行

基礎講義 遺伝子工学 II
―アクティブラーニングにも対応―

© 2018

編 集 者　深 見 希 代 子
　　　　　山 岸 明 彦
発 行 者　小 澤 美 奈 子
発　　行　株式会社 東京化学同人
東京都文京区千石3-36-7 (〒112-0011)
電話 03-3946-5311・FAX 03-3946-5317
URL: http://www.tkd-pbl.com/

印刷・製本　日本ハイコム株式会社

ISBN978-4-8079-0951-3
Printed in Japan

無断転載および複製物(コピー, 電子データなど)の無断配布, 配信を禁じます。